Berichte aus der Biologie

Joachim-Hans Bergmann
Lutz Bergmann

Moderne Betriebsweise im Magazinbetrieb mit kompatiblen Magazinen vom Typ Langstroth, Zander und Dadant

Shaker Verlag
Aachen 2005

Bibliografische Information der Deutschen Bibliothek
Die Deutsche Bibliothek verzeichnet diese Publikation in der Deutschen Nationalbibliografie; detaillierte bibliografische Daten sind im Internet über http://dnb.ddb.de abrufbar.

Printed in Germany.

ISBN 3-8322-4699-1
ISSN 0945-0688

Shaker Verlag GmbH • Postfach 101818 • 52018 Aachen
Telefon: 02407 / 95 96 - 0 • Telefax: 02407 / 95 96 - 9
Internet: www.shaker.de • eMail: info@shaker.de

„Moderne Betriebsweise im Magazinbetrieb mit kompatiblen Magazinen vom Typ Langstroth, Zander und Dadant“

von

Prof. Dr. Joachim-Hans Bergmann und Dipl.-Ing. Lutz Bergmann

Vorwort

Unbestritten sind die Leistungen deutschsprachiger Bienenwissenschaftler und Imker auf dem Gebiet der Biologie der Honigbiene. So die Großvätergeneration: JANKA, DZIERSON, V. BERLEPSCH, SKLENAR, GERSTUNG und die Vätergeneration ZANDER, ARMBRUSTER, die Gebrüder RUTTNER, BRETSCHKO, MEYERHOF und BÖTTCHER, die in dem Nobelpreisträger Karl V. FRITSCH ihren absoluten Höhepunkt erreichten. Auch heute können wir mit Stolz feststellen, dass unsere wissenschaftlichen Institute national und international Beachtung finden.

Um so erstaunlicher ist es, dass neben den überragenden Leistungen auf dem Gebiet der Biologie der Honigbiene die technologischen Fragen der praktischen Imkerei ein völlig verworrenes Bild bieten. Während zu Beginn des 20. Jahrhunderts die Magazinbetriebsweise, speziell mit dem Langstroth-Magazin, von den USA aus ihren Siegeszug in der Welt antrat, verharrte die deutschsprachige Imkerei weiter an einer Serie von Hinterbehandlungsbeuten mit unterschiedlichsten Rähmchenmaßen. Erst nach dem zweiten Weltkrieg wandte sich ein Teil der Berufsimker den Magazinen zu, während eine Reihe von wissenschaftlichen Institutionen weiter an den alten Hinterbehandlungsbeuten festhielten. Glücklicherweise sind heute die meisten wissenschaftlichen Institutionen auf die neue Entwicklung eingeschwenkt.

Leider orientierten sich die deutschsprachigen Imker bei diesem Prozess nicht an das weltweit verbreitete Langstroth-Magazinsystem, so dass es wieder zu einer Vielfalt von Magazintypen kam. Um dem entgegen zu wirken, wurde am 2./3. September 1978 in Maierhöfen/Allgäu anlässlich eines internationalen Imkertreffens die „Arbeitsgemeinschaft Deutscher Langstroth-Magazinimker" mit 31 Mitgliedern gegründet. Ihnen, aber besonders der Zielstrebigkeit ihrer beiden Vorsitzenden, Heinz LORENZ und Karl KIES, ist es zu verdanken, dass das Langstroth-Magazin Eingang in die mitteleuropäische Imkerei fand. Die Arbeitsgemeinschaft umfasst heute über 160 Mitglieder aus Belgien, Luxemburg, Tschechien, Österreich, Schweiz und Deutschland, so dass die Bezeichnung „Deutscher" im Vereinsnamen überholt ist.

Waren vor rund 30 Jahren die Mitglieder der Arbeitsgemeinschaft bei der Propagierung der Magazinimkerei gezwungen, auf die Erfolge der amerikanischen Imker hinzuweisen, so können wir heute weitgehend auf eigene Erfahrungen zurückgreifen. Wir kamen daher gern der Aufforderung des leider viel zu früh verstorbenen Karl KIES nach, unsere und die mitteleuropäischen Erfahrungen mit dem Langstroth-Magazin sowie ähnlichen im Zander- und Dadantmaß in dem vorliegenden Werk niederzulegen. In welchem Maße uns dies gelungen ist, mögen die Leser entscheiden.

Unser besonderer Dank gilt aber meiner ehemaligen Mitarbeiterin, Frau Kerstin Hainke, die es übernahm, das Manuskript in eine druckreife Form zu bringen.

Eberswalde, den 01. November 2005

Prof. Dr. sc. rer. silv. Bergmann

INHALTSVERZEICHNIS

TABELLENVERZEICHNIS

ABBILDUNGSVERZEICHNIS

0. Einleitung

Als sich vor rund 150 Jahren in der Imkerei der Übergang vom Stabil- zum Mobilbetrieb vollzog, den ***Dzierzon*** und **v. *Berlepsch*** im deutschsprachigen Raum stark beeinflussten, entstand leider eine Vielzahl an Rähmchengrößen und Bienenbeutentypen. So wurden im deutschsprachigen Raum ***im Jahr 1880 ca. 400*** und 1929 noch ***278*** verschiedene Rähmchenmaße gezählt. Heute sind es immer noch ***32*** Stück (siehe Tab. 1).

Tabelle 1

Rähmchenmaße, die zurzeit im deutschsprachigen Raum im Einsatz sind

lfd. Nr.	Bezeichnung	Abmaße in cm
1	Alpenbeutenmaß	26,0 x 37,0
2	Altwürttemberger Maß	27,2 x 22,0
3	Badisches Vereinsmaß	23,7 x 21,0
4	Berchtesgadener Maß	23,5 x 37,0
5	Dadant Maß	47,0 x 30,0
6	Dadant-Blatt-Maß	43,5 x 30,0
7	modifiziertes Dadant-Maß	44,8 x 30,0
8	Dathe Breitwaben	34,7 x 22,5
9	Dathe Hochwaben	22,3 x 36,0
10	Dänische Trogbeute	31,0 x 26,0
11	Elsaß-Lothringen-Maß	24,0 x 32,0
12	Freudensteinmaß	33,8 x 20,0
13	Gerstung Hochwabe	25,0 x 40,0
14	Gerstung Breitwabe	41,0 x 26,0
15	Helvetia Blätterstock (Brutraum)	36,0 x 30,0
16	Helvetia Blätterstock (Honigraum)	36,0 x 15,0
17	Kuntzschmaß	33,0 x 25,0

Fortsetzung Tabelle 1

lfd. Nr.	Bezeichnung	Abmaße in cm
18	Lüfteneggermaß + Zandermaß	42,0 x 22,0
19	Langstroth	44,8 x 23,2
20	Meisterstock von Schulz	35,0 x 24,0
21	Neuwürttemberg Maß	27,2 x 27,7
22	Normalmaß	37,0 x 22,3
23	Österreicher Breitwabenstock	42,6 x 25,5
24	Rheinische Idealbeute	25,0 x 42,0
25	Schwäbische Lagerbeute	27,2 x 36,2
26	Schweiermaß alt	27,2 x 27,2
27	Schweiermaß neu	34,0 x 26,0
28	Schweizer Hochwabe	27,0 x 34,0
29	Schweizerstock (Brutraum)	28,8 x 36,1
30	Schweizerstock (Honigraum)	28,8 x 17,1
31	Schleswig-Holsteinische Wanderbeute	31,0 x 25,0
32	Wiener Vereinsständer	25,0 x 42,0

Diese Tabelle erhebt keinen Anspruch auf Vollständigkeit. Sicher ist die Rähmchenvielfalt noch viel größer. Ich [Prof. Dr. BERGMANN] erlebe es immer wieder, dass mich Studenten um Rat fragen, weil ihnen von alten Imkern gebrauchte Beuten zu günstigen Konditionen angeboten werden. Es handelt sich hier oft um Rähmchenmaße, von denen ich in meinem langen Imkerleben noch nie etwas gehört habe. So zum Beispiel ein Doppeltes Normalmaß von 27,0 x 33,0 cm.

Ohne Einschränkung kann festgestellt werden, dass die beschriebene Rähmchenvielfalt und die hierdurch bedingte Beutenvielfalt es verhindert haben, dass in Deutschland eine ***industriell kostengünstige Serienfertigung von Bienenwohnungen aufgelegt werden konnte.*** Seinen Ausdruck findet dies in den Katalogen der Imkerfachgeschäfte, die in ihrer Fülle eher einem Spielwarenladen als einem Fachgeschäft glei-

chen, wie es LORENZ (Autor des Werkes: Magazinbetriebsweise in der Weltimkerei) einmal scherzhaft ausdrückte.
Völlig anders verlief die Entwicklung in Nordamerika. Ausgehend von der Entdeckung *des* ***"Bee space"*** 1851 durch ***Langstroth***, seiner Entwicklung des Langstroth-Rähmchens und dem dazu passenden Magazin, trat die Langstroth-Betriebsweise ihren Siegeszug um die Welt an, so dass heute ***ungefähr 70 % der bewirtschafteten Bienenvölker der Weltimkerei in Langstroth-Magazinen stehen***. Dies ermöglichte die industriemäßige Produktion der Magazine und übrigen Imkergeräte, was dem Imker geringe Kosten bescherte. So können heute bei gleichem Kostenaufwand für eine Einzelzarge der Hohenheimer Wanderbeute in Kanada 8 Langstroth-Zargen bezogen werden. Weiter konnte sich infolge der Beutenvielfalt in Deutschland keine leistungsfähige Betriebsweise wie die des Langstroth-Magazins entwickeln. So musste z.B. in den volkseigenen Imkereien der ehemaligen DDR, die fast alle mit Hinterbehandlungsbeuten (Normbeute 52) arbeiteten, ein Imker 100 Bienenvölker betreuen. In Nordamerika dagegen werden einem Imker 300 bis 500 Völker zugemutet. Dies hat zur Folge, dass dort der Honig mit erheblich geringeren Lohnkosten belastet ist als bei uns. Werden die Lohnkosten und die Anlagekosten der Imkereien zusammengerechnet, ist es nicht verwunderlich, dass in Deutschland, Österreich und der Schweiz, alles Länder mit einer hohen Beutenvielfalt, die kostenintensivsten Imkereien stehen. Die Folge ist, ***dass sich bei dieser Rähmchen- bzw. daraus resultierenden Beutenvielfalt, der Unsicherheit der Imkerschaft gegenüber der Magazinbetriebsweise verbunden mit geringen Gewinnen kaum noch junge Leute für die Imkerei interessieren und allgemein der Nachwuchsmangel beklagt wird.***
Erst nach dem 2. Weltkrieg, so Ende der 60iger Jahre, begannen besonders die Erwerbsimker, über den Tellerrand hinaus zu sehen und schenkten der Magazinimkerei größere Aufmerksamkeit. Doch statt sich an dem weltweit verbreiteten Langstroth-Magazin zu orientieren, wurde wieder in alter Manier an der unseligen Vielfalt festgehalten. Es entstan-

den Magazine im Normal-, Zander-, Kuntzsch- und Freudensteinmaß und Zargen mit 7 bis 12 Rähmchen. In den allermeisten Fällen wurde der ***"Bee Space"*** nicht beachtet, so dass ein Überbauen der Rähmchen eintrat und die Bearbeitung der Völker zur Qual wurde. Trotzdem setzte sich besonders im Süden das dem Langstroth- sehr ähnliche Zandermaß durch.

Um dieser sich bildenden Vielfalt entgegen zu treten, gründete sich am 2./3. September 1978 in Maierhöfen/Allgäu die Arbeitsgemeinschaft „Deutscher Langstroth-Magazinimker e.V." mit 31 Mitgliedern. Heute beträgt die Mitgliederzahl über 160 Imkerinnen und Imker aus Belgien, Luxemburg, Tschechien, Österreich, Schweiz und Deutschland, so dass die Bezeichnung „Deutscher" im Vereinsnamen überholt ist. Ziel des Vereins ist es, der deutschen und jetzt der mitteleuropäischen Imkerei den technologischen Anschluss an die Weltimkerei zu schaffen und das Langstroth-Magazin in diesem Gebiet einzuführen. Es ist nicht beabsichtigt, den bereits üppig sprießenden Markt an Magazinen in Deutschland, es existieren nach Untersuchungen von KIEß (1998) bereits 7 unterschiedliche Zandermagazine, ein weiteres hinzuzufügen und die unselige Zersplitterung weiter zu treiben. Durch ein kompatibles Langstroth-Magazin, welches das am stärksten bei uns verbreitete Zandermaß voll integriert, soll der dringend erforderliche Anschluss an das weltweit bewährte System der Langstroth-Imkerei erreicht, die Fertigungskosten für Imkergeräte und Bienenwohnungen gesenkt und die mitteleuropäische Imkerei fit für die bereits eingesetzte Globalisierung gemacht werden. Auf Betreiben des Vereins erschienen bereits von Karl Kieß : "Bauanleitung für das Zander-Magazin – kompatibles System", von Heinz Lorenz: "Das Langstroth-Magazin; führend und erfolgreich in der Weltimkerei" sowie "Die Magazinbetriebsweise in der Weltimkerei". ***Mit dem vorliegenden Werk sollen speziell in Mitteleuropa einfache Langstroth-Betriebssysteme und vor allem Betriebsweisen dem Imker, insbesondere den jungen Imkern, vorgestellt werden. Sie sollen selbst erkennen, dass es auch in Mitteleuropa unter den Be-***

dingungen der Globalisierung möglich ist, eine erfolgreiche Imkerei zu betreiben.

1. Das kompatible Langstroth-Magazin in Anlehnung an die Vorstellung von Karl Kieß

Im kompatiblen System von Karl Kieß kann ohne Umbauten mit Langstroth-, Zander- und modifizierten Dadanträhmchen geimkert werden. **Es bietet ferner ungarischen, tschechischen, slowakischen und slowenischen Imkern die Möglichkeit, das niedrige Boczonadi- und das Tatran-Rähmchen (beide 42 cm lang wie Zander) sowie das liegende Gerstung-Rähmchen (41 cm lang) durch entsprechende Zargengestaltung zu integrieren.** Die Integration so vieler Rähmchenmaße zwang zu Kompromissen, die sich in der Zargenwandstärke von 25 mm und durch Griff- und Deckleisten an den Zargen ausdrücken. Auf beides wird an entsprechender Stelle näher eingegangen.

1.0 Allgemeine Grundüberlegungen

1.0.1 Der Bienenabstand (Bee Space)

Der Bienenabstand (Bee Space) wurde 1851 von LANGSTROTH entdeckt. Er beträgt 8 mm ± 2 mm und wir verstehen darunter den Freiraum zwischen den Waben, den Rähmchen untereinander und den Beuten bieten (siehe Abb. 1).

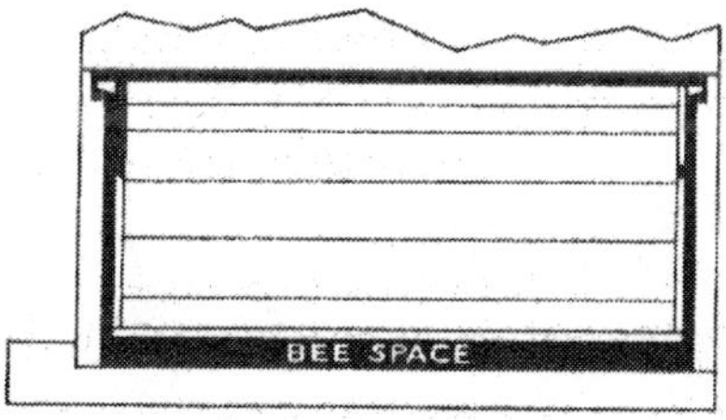

Abbildung 1:
Bienenabstand (Bee Space) im Langstrothmagazin, gedunkelt gezeichnet, aus „ABC and XYZ of Beeculture“ von A.I. Root, Medina (Ohio) USA

Da er bei genauer Einhaltung der Maße von den Bienen nicht verbaut wird, stellt er eine große Arbeitserleichterung für den Imker dar. KIEß hat diese wichtige Maßzahl bei der Konstruktion des kompatiblen Magazins in jeder Beziehung beachtet, was leider bei vielen in Deutschland eingesetzten Beutensystemen nicht der Fall ist.

1.0.2 Warum Holz?

Das kompatible Magazin ist eine Holzkonstruktion, die KIEß in Absprache mit vielen Imkern bewusst gewählt hat. Beim Holz handelt es sich um einen natürlichen Rohstoff, den die Bienen seit Jahrmillionen als Behausung auswählen. Zum anderen ist Holz im Gegensatz zu Kunststoffen ein robuster Werkstoff, was sich besonders bei Wanderungen auszahlt. Jeder Wanderimker weiß über unvorhergesehene Ereignisse bei der Bienenwanderung zu berichten, wobei ihm eine Holzbeute vor größeren Schäden bewahrt. Wir selbst sind nach einer Erprobungsphase von Polyurethanmagazinen des VEB Synthesewerkes Schwarzheide und den Hartfasermagazinen von BÜTTNER (Tharandt) wieder zum Vollholzmagazin zurückgekehrt. Wir können uns durchaus Kunststoffmagazine auf festen Bienenständen vorstellen, stehen aber einer Wanderung mit ihnen aus eigenen Erfahrungen skeptisch gegenüber.
Da die vielen einzelnen Holzarten ganz unterschiedliche Eigenschaften haben, eignen sich auch nicht alle zur Herstellung von Bienenbeuten und Magazinen. Die zur Verarbeitung kommenden Hölzer sollen

1. leicht,
2. wenig spaltfähig oder reißfähig sein und
3. dürfen nicht zur Schwarzastigkeit neigen.

Solche Holzarten sind Weymothskiefer, Weißtanne, Fichte und Pappel. Gerade letztere ist zu empfehlen, da ein in beiden Teilen Deutschlands nach dem zweiten Weltkrieg ein Pappelanbauprogramm aufgelegt wurde, was den Waldbesitzern heute fast unverkäufliche Pappelbestände beschert hat. Im Resultat dessen, ist Pappelholz heute billig zu haben. Kiefernholz ist aufgrund seiner Neigung zur Schwarzastigkeit weniger geeignet, da alle Äste ausgebohrt werden müssen, was die Bearbeitungskosten in die Höhe treibt.

1.0.3 Holzschutz

1.0.3.1 Anstriche

Auf jeden Fall sollten die Außenflächen der Magazine durch einen Anstrich vor Nässe geschützt werden. Dabei sind nur solche Anstriche zu wählen, die die Holzsporen nicht verschließen, sondern atmen lassen. Unsere Altvorderen arbeiteten hier vielfach mit Ölfarben, z.B. ein zweimaliger Anstrich mit Firnis, dem ein zweimaliger Anstrich mit Ölvorstreichfarbe folgte. Dieser Anstrich hatte den Vorteil, dass das Holz atmungsaktiv blieb und die Beute auch bei stärkstem Regen beim Verladen nicht aus den Händen rutschte. Heute stehen uns entsprechende Lasuren zur Verfügung. Hierbei ist darauf zu achten, dass sie keine insektiziden Wirkstoffe enthalten, da diese die Bienen abtöten würden. Die meisten Imkerfachgeschäfte halten geeignete Lasuren bereit und beraten den Imker gern.

1.0.3.2 Konstruktiver Holzschutz

Trotz des schützenden Anstrichs sollten die Hersteller größeres Gewicht auf einen konstruktiven Holzschutz legen, der verhindert, dass das Magazin mit Niederschlägen in Berührung kommt. Besonders gefährdet sind Griffleisten und Flugbretter. Bei dem kompatiblen Magazin war es bisher nicht zu umgehen bei den Zargen des Zandermaßes mit Griffleisten zu arbeiten, um die unterschiedlichen Rähmchenlängen optimal zu integrieren. Auch weisen die Außendeckel- und Wendebodenkonstruktion zusätzliche Schwächen auf, da sie den Niederschlägen ausgesetzt sind (siehe Abb. 2).
Wir bevorzugen deshalb als Außendeckel einen entsprechend gebogenen Deckel aus verzinktem Stahlblech, der das Regenwasser oder den

Abbildung 2:

Kompatibles Magazin nach Kieß

Schnee von der Beutenwand fernhält. Auch ist bei unserem hohen Boden das Anflugbrett und die Rückklappen unter die Beute verlegt und bleiben daher ständig trocken (siehe Abb. 3).

Leider konnten wir damals Herrn KIEß nicht von unseren Vorstellungen überzeugen, so dass noch gegenwärtig über die günstige Gestaltung des hohen Gitterbodens diskutiert wird.

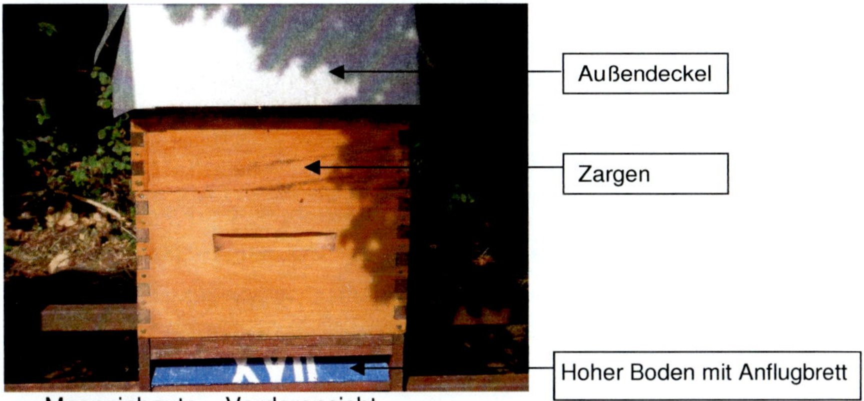

Magazinbeute – Vorderansicht

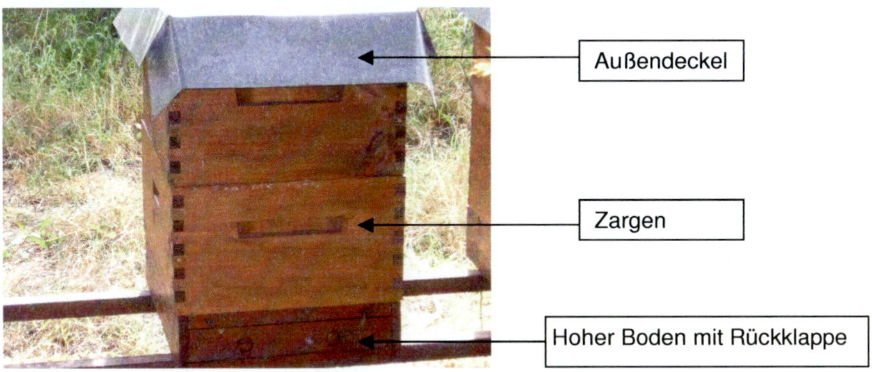

Magazinbeute - Rückansicht

Abbildung 3:

Konstruktiver Holzschutz – Vorderansicht, Rückansicht

1.1 Der Aufbau des kompatiblen Magazins

1.1.0 Allgemeine Erläuterungen

Bei diesem Magazintyp fassen alle Zargen 10 Rähmchen im Langstroth-, Zander- und modifizierten Dadantmaß, sind falzlos, außen gleich lang und breit (515 x 425 mm). Nur die Zargenhöhe ist entsprechend dem Rähmchenmaß unterschiedlich.

Anflugsockel, Bodenbrett, Fluglochkeil, Fluglochschieber, Innendeckel, Wander- und Varroagitter, Absperrgitter, Futtertrog, Isolier- und Außendeckel sind für alle Zargen gleich. Interessenten, die diese Teile im Selbstbau anfertigen möchten, werden mit Ausnahme des hohen Bodens auf das Werk von K. KIEß „Bauanleitung für das Zander-Magazin – kompatibles System" (1998) verwiesen. Doch auch für den Hersteller des kompatiblen Systems ergeben sich hierdurch beachtliche Rationalisierungsmöglichkeiten und sind ein erster Schritt in Richtung einer Vereinheitlichung der Magazinvielfalt im deutschsprachigen Raum, der sich früher oder später auch in einer Senkung der Herstellungskosten niederschlagen wird.

Zu dem erwähnten hohen Boden ist zu bemerken, dass er die gleiche Grundfläche von 515 x 425 mm besitzt und eine Höhe von 120 mm aufweist. Wie bereits erwähnt, ist das Anflugbrett und die Rückklappe aus Gründen des konstruktiven Holzschutzes unter die Zarge verlegt. Weiter wurde auf einen geschlossenen Holzboden verzichtet. An seine Stelle tritt ein verlötetes Edelstahlgitter, das Sommer wie Winter unverschlossen bleibt. Hierdurch wird eine Nässebildung unterbunden. Gleichzeitig dient der Drahtgitterboden als Wander- und Varroadiagnosegitter. Interessenten können von uns eine genaue Zeichnung gegen Übernahme der Postgebühr erhalten.

1.1.1 Zargengestaltung

Die Zargen haben eine äußere Grundfläche von 515 x 425 mm, egal ob im Langstroth-, Dadant- oder Flachzargenmaß geimkert wird (siehe Abb. 4, 5, 6 und 7).

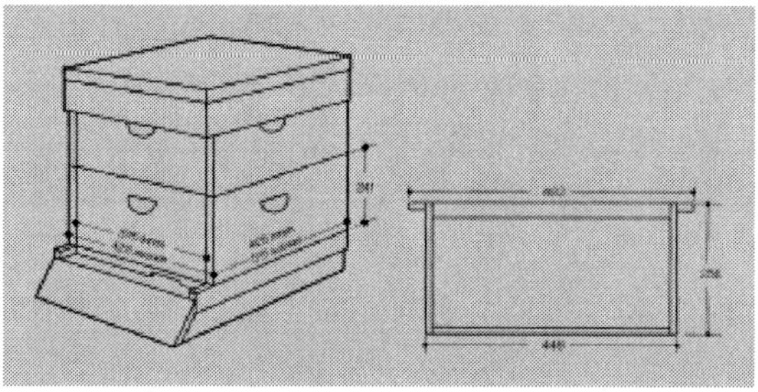

Abbildung 4: Das Langstroth-Magazin mit Rähmchen

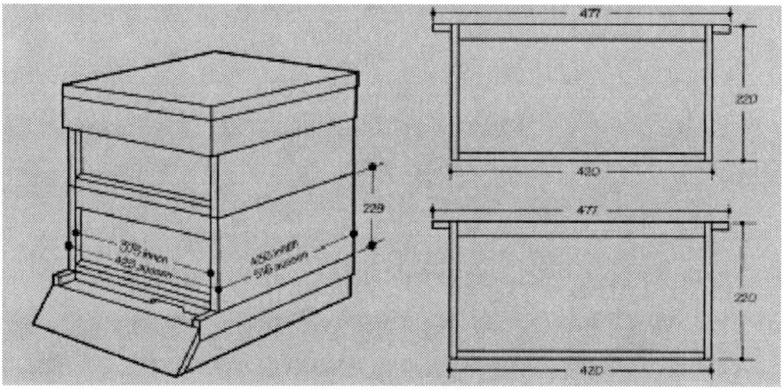

Abbildung 5: Das Zander-Magazin mit Rähmchen

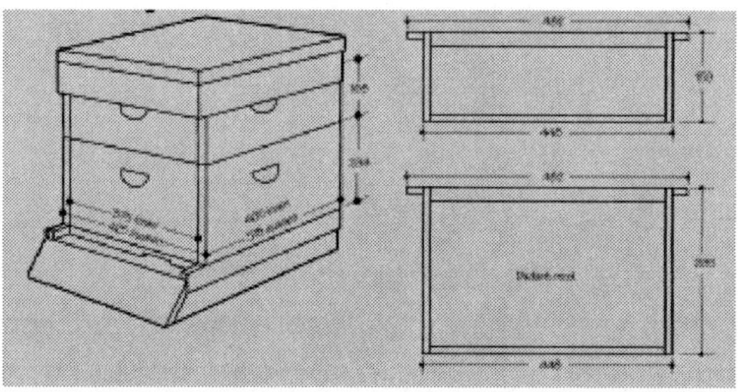

Abbildung 6: Die Dadant-Beute (Jumbo) mit Rähmchen

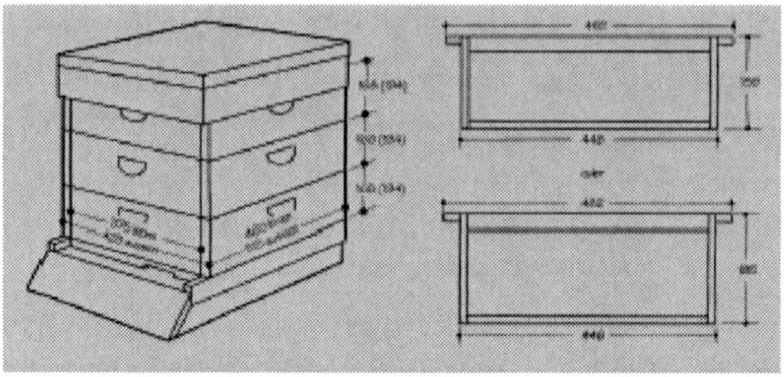

Abbildung 7: Das Langstroth-Flachzargen-Magazin mit Rähmchen

Sie unterscheiden sich nur in der Zargenhöhe (siehe Tab. 2).

Tabelle 2

Zargenhöhe

Zargentyp	Zargenhöhe in mm
Langstroth-Magazin	241
Zander-Magazin	229
Dadant-Magazin	294 + 168 (Honigraumzarge)
Langstroth-Flachzargen-Magazin	168

Hierdurch besteht die Möglichkeit, während der Übergangszeit zur Erprobung mit gemischten Rähmchenmaßen zu arbeiten.

Alle Zargen sind wie in Amerika und vielen Teilen der Welt falzlos. Die Befürchtungen vieler Imker, dass beim Transport die Zargen verrutschen, sind grundlos, wenn die Zargen mit einem Ratschengurt zusammengehalten werden. Aus eigener leidvoller Erfahrung können wir sagen: „Gefalzte Magazine reizen die Bienen geradezu, diese zu verkitten.“, so dass das Trennen der Magazine zur Qual werden kann. Erfinderische Imker haben inzwischen zusätzliche Werkzeuge zum Trennen der Magazine entwickelt und zur Verteuerung der Grundmittel beigetragen. Die Vorteile der falzlosen Zargen bestehen darin, dass sie:

1. mit einem einfachen Stoßmeißel von einander getrennt werden können,

2. kaum Bienen beim Aufsetzen gequetscht werden und
3. sich billiger herstellen lassen, als Zargen mit Falz.

1.1.2 Die Rähmchengestaltung

Wie aus der Bauanleitung für das Zander-Magazin von KIEß (1998) zu entnehmen ist, können die Rähmchen sehr unterschiedlich in ihrer Gestaltung sein. Diese sollten uns aber nicht Vorbild sein, sondern die die sich in der Magazinimkerei bewährt haben [LORENZ 1979, 1981 und KIEß 1998]. Eine genaue Zusammenstellung der Rähmchenmaße Langstroth, Langstroth-Flachzargen, Zander und Dadant enthält die Abb. 8 in Verbindung mit der Tabelle 3, zu der hier einige Erläuterungen gegeben werden.

Wichtig ist es, um Wildbau zu vermeiden, dass der Abstand von Wabenmitte zu Wabenmitte mit 35 mm eingehalten wird. Hierbei haben sich Abstandsbügel im Magazin nicht bewährt, so dass die Rähmchen nach dem Prinzip des Hoffmannrähmchens gestaltet sind. Die Leistenbreite im oberen Drittel der Seitenschenkel beträgt 35 mm, um sich dann auf 27 mm zu verjüngen. Die Breite von 35 mm im oberen Drittel bewirkt, dass der Wabenabstand von 35 mm genau eingehalten wird. Die Verjüngung auf 27 mm im unteren Bereich erleichtert das Einsetzen des Rähmchens und verhindert das Quetschen der Bienen weitgehend.

Alle Rähmchen sollten einen 19 mm starken und 27 mm breiten Oberträger besitzen, den 1890 der Amerikaner HALL [ROUT 1975] einführte, um das Verbauen der Rähmchen zu verhindern (siehe Abb. 4 – 7). Hierdurch bleibt die Schichtenbeweglichkeit der einzelnen Zargen erhalten. Sie können ohne große Kraftanstrengung gelöst werden. Der 19 mm starke Oberträger verhindert allerdings die im deutschsprachigen Raum verbreitete Senkrechtdrahtung der Rähmchen. Sie müssen deshalb wie in Amerika quer gedrahtet werden.

Die Originalzanderrähmchen mit ihrem nur 22 mm breiten und 10 mm starken Oberträger eignen sich nur schlecht für eine Magazinbetriebsweise, da sie sehr stark überbaut werden und eine erhebliche Kraftanstrengung zum Trennen der Zargen erfordern. Sie sollten nach einer gewissen Übergangsperiode durch Rähmchen mit einem 19 mm starken und 27 mm breiten Oberträger ersetzt werden.

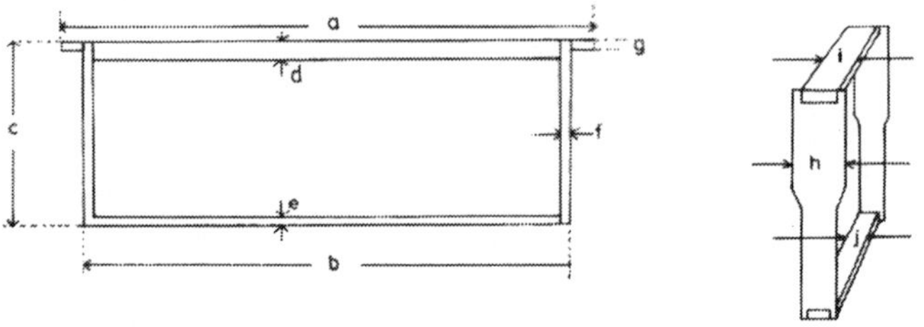

Abbildung 8: Rähmchenschema

Tabelle 3

Rähmchenmaße

Rähmchenmaß	alle Maße in mm									
	a	b	c	d	e	f	g	h	i	j
Langstroth	482	448	232	19	10	10	10	35	27	19
Zander	477	420	220	19	10	10	10	35	27	19
Dadant	482	448	285	10	10	10	10	35	27	19
Flachzargen 2/3	482	448	185	10	10	10	10	35	27	19

Abkürzungen:

a) Länge des Rähmchenträgers
b) Länge des Rähmchenunterteils
c) Länge der Seitenteile
d) Stärke des Rähmchenträgers
e) Stärke des Rähmchenunterteils
f) Stärke der Seitenteile
g) Stärke der Rähmchenohren
h) Breite der Seitenteile
i) Breite des Rähmchenträgers
j) Breite des Rähmchenunterteils

2. Entwicklung des Bienenvolkes in Abhängigkeit von Außen- und Innenreizen

Das biologische Gebilde, was landläufig als Bienenvolk bezeichnet wird, hat mit dem menschlichen Begriff „Volk" nur auf den ersten Blick eine gewisse Ähnlichkeit. Im Gegensatz zum menschlichen Begriff „Volk", das sich aus männlichen und weiblichen Individuen zusammensetzt, besteht das Bienenvolk aus geteilten Weibern und zeitweise anwesenden Männern. Diese Gemeinschaft der geteilten Weiber ist nur in einer ganz bestimmten Zusammensetzung lebensfähig und daher immer bestrebt diese herzustellen. Sie besteht während der längsten Zeit aus einer Weisel, die die erforderlichen Eier zum Überleben legt und aus vielen Arbeitsbienen, die die Pflege und den Schutz der Brut gewährleisten.

Nur von Anfang Mai bis Mitte August sind in unserem Großklima die männlichen Bienen, die Drohnen, im Volk vorhanden. Ihre einzige Aufgabe ist es, die zu dieser Zeit erscheinenden jungen Weiseln zu begatten und so die Vermehrung des Gebildes der „geteilten Weiber" sicherzustellen. Ist diese Aufgabe erfüllt, werden sie gnadenlos als „unnütze Fresser" abgeschafft. Treten Drohnen außerhalb dieses Zeitraumes auf, so ist dies ein sicheres Zeichen, dass in der Gemeinschaft der geteilten Weiber eine Fehlentwicklung eingesetzt hat, die in der Regel mit dem Tod derselben endet. In den allermeisten Fällen liegt eine Schädigung der Weisel vor. Einmal kann ihr Vorrat an Spermien erschöpft sein, so dass sie nur noch Drohneneier legen kann. In diesem Fall kann der Imker noch eingreifen und das Bienenvolk durch einen Weiselaustausch wieder gesunden lassen. Ist aber die Weisel aus irgendeinem Grund während einer brut- oder drohnenfreien Periode verlorengegangen, werfen sich einige Arbeiterinnen zu Weiseln, sogenannte Afterweiseln, auf und beginnen wie diese Eier zu legen. Da die Afterweiseln nicht begattet wurden, entstehen aus ihren Eiern nur Drohnen. In diesem Fall ist das Volk nicht mehr zu retten, da es jetzt keine begattete Weisel mehr annimmt. Es wird zweckmäßigerweise abgefegt.

Dieses Gebilde von geteilten Weibern und zeitweise anwesenden Männern hat es den Menschen bis in die Gegenwart schwer gemacht, eine treffende Bezeichnung zu finden. Keiner der gebräuchlichen Namen wie Bienenvolk, Bienenstaat, Organismus oder Halborganismus trifft den genauen Inhalt dieses biologischen Gebildes. Die Begriffe Volk und Staat beziehen sich zu sehr auf menschliche Gemeinschaften, die auf die Bienen in keiner Weise zutreffen. Trotzdem verwenden wir den Begriff Bienenvolk, da er sich weitgehend eingebürgert hat und betonen, dass Bienenvolk und Volk in Verbindung zur menschlichen Gesellschaft nur verbal aber nicht inhaltlich verwandt sind. Die Begriffe Organismus und Halborganismus sind der Biologie entlehnt und sind ihrer Natur nach sehr weit gefasst, so dass sie in der Imkerei nicht recht zu gebrauchen sind. Wer würde schon sagen: „Heute hat mein Bienenhalborganismus geschwärmt!"

Überall wo Einzelindividuen in Verbänden zusammengefasst leben, sind bestimmte Steuerungselemente erforderlich, die das Zusammenleben regeln. Während in der menschlichen Gesellschaft diese Regeln überwiegend rationellen Ursprungs sind und durch bestimmte Gremien, z.B. Parlamente, umgesetzt werden, fehlen solche Gremien im Bienenvolk. Hier reagieren Einzelindividuen und Gruppen von Einzelindividuen auf bestimmte Innen- und Außenreize in der Form, dass bestimmte Bienen eine ganz bestimmte Tätigkeit aufnehmen beziehungsweise, dass bestimmte Pheromone in Umlauf gesetzt werden. So entsteht in Abhängigkeit von der Jahreszeit, der Witterung, den Trachtverhältnissen und der Größe der Bienenwohnung im Bienenvolk ein Entwicklungszyklus, der sein Überleben und die Vermehrung sichert. Kritisch ist einzuschätzen, dass wir nur einen kleinen Teil dieser Regulierungsmechanismen kennen und beherrschen. Trotzdem sollen hier einige dieser bereits bekannten Mechanismen besprochen werden, da ihre Beachtung den Imker bei der Völkerführung vor Fehlern bewahren und den Arbeitsaufwand senken kann.

2.1 Das Pheromon der Weisel

Das Pheromon der Weisel ist ein Ektohormon und wird von den Mandibeldrüsen der Weisel gebildet. Von hier nehmen es die Pflegebienen gierig auf und geben es an die übrigen Bienen weiter, so dass ein gewisser Pheromonpegel im Bienenstock entsteht. Kreist dieses Pheromon in ausreichender Menge im Bienenvolk, so verhindert es, dass sich die Eischläuche der Arbeitsbienen weiter entwickeln. In diesem Zustand bilden Weisel und Arbeitsbienen eine harmonische Einheit [BUTLER und CALLOW 1968, PAIN 1973].

Sinkt der Pheromonspiegel im Volk unter eine bestimmte Grenze, verliert er seine hemmende Wirkung auf die Entwicklung der Eischläuche der Arbeitsbienen, was wiederum deren Wachstum zur Folge hat. Die Ursache hierfür kann zum Einen sein, dass die Individuenzahl im Volk so angestiegen ist, dass die produzierte Pheromonmenge nicht mehr ausreicht. Zum Anderen kann es auch sein, dass das Brutnest so eingeengt ist, dass die Weisel keinen Platz mehr zur Eiablage findet. Mit der Reduktion der Eiablage der Weisel scheint auch eine Reduktion der Pheromonproduktion einherzugehen, so dass auch in verhältnismäßig kleinen Völkern ein Pheromonmangel eintreten kann. In beiden Fällen ist das Ergebnis das Gleiche, die Eischläuche der Arbeitsbienen schwellen an, das Band zwischen Weisel und Arbeitsbienen lockert sich und die Arbeitsbienen setzen und pflegen Weiselzellen. Der Imker spricht jetzt vom Schwarmdusel oder vom Schwarmfieber. Durch die ausziehenden Schwärme verliert sich das Missverhältnis zwischen Pheromonpegel und Individuenzahl auf natürliche Weise. Der Imker, der diese Entwicklung nicht zulassen will, muss spätestens mit dem Ausbrechen des Schwarmdusels Maßnahmen ergreifen, den Pheromonspiegel im Volk wieder zu normalisieren. Dies kann einmal durch das sogenannte Schröpfen, der Entnahme von Brut und Bienen oder durch die künstliche Vermehrung wie Ableger- und Kunstschwarmbildung geschehen.

Durch den Verlust der Weisel kann eine abrupte Absenkung des Pheromonspiegels einsetzten, was sich innerhalb von 2 Stunden im Volk bemerkbar macht. Die Bienen werden unruhig und suchen nach der Weisel. Diese Unruhe wird fast immer durch einen Heulton begleitet. Hierbei kann es in Fluglochnähe zum Abkoten einiger sehr aufgeregter Bienen kommen. Tritt der Weiselverlust während einer brut- oder drohnenlosen Zeit, wie Spätsommer bis zum zeitigen Frühjahr, ein, so stirbt das Volk über Winter ab. Dies kann verhindert werden, wenn der Imker dem Volk rechtzeitig eine Ersatzweisel gibt. Sind jedoch Waben mit offener Brut und Drohnen vorhanden, zieht sich das Volk selbst eine Weisel nach. In der praktischen Imkerei wird diese Art der Schocktherapie zur Einleitung der Weiselzucht, zum Umweiseln und bei der Honigwabenentnahme mit Hilfe von Bienenfluchten genutzt.

2.2 Der Temperaturreiz im Frühjahr

Während die Körpertemperatur der einzelnen Biene wie bei allen Insekten von der umgebenen Temperatur abhängig ist, ist das Bienenvolk in der Lage, die Stocktemperatur zu regulieren. Wenn im Spätherbst das Bienenvolk das Brutgeschäft einstellt, zieht es sich zur Wintertraube zusammen, die in ihrer Mitte eine annähernd konstante Temperatur von 20°C bis 25°C hält. Dabei ist zu beachten, dass das Bienenvolk zu diesem Zeitpunkt nur die Wintertraube und nicht die umgebende Luft erwärmt. Diese hat zu dieser Zeit die gleiche Temperatur wie die äußere Umgebung. Während der Zeit der Brutpflege wird dagegen eine konstante Temperatur von 36°C gehalten, wobei jetzt der gesamte Raum erwärmt wird.

Lange Zeit war der Reiz umstritten, der das Bienenvolk veranlasst, aus der Winterruhe in Brut zu gehen. 1978 stellte BRETSCHKO in seinem Werk „Der Magazinimker“ seine Untersuchungen über die Brutnestausdehnung in den Monaten Februar bis Mai in Abhängigkeit von den Tagestemperaturmaxima dar. Sein Ziel war es weniger, einen Reiz zu erforschen, sondern einen Messwert zu finden, der ihm Auskunft über den Zeitpunkt geben sollte, wann der damals praktizierte Tausch der Brutraumzargen erfolgen sollte.

Tabelle 4
Eiablage der Weisel in Abhängigkeit von der Maximaltemperatur des Tages

Maximaltemperatur des Tages in °C	Eiablage in Stück
1	25
2	60
3	110
4	165
5	225
6	295
7	365
8	440
9	525
10	610
11	700
12	790
13	885
14	980
15	1.085
16	1.190
17	1.295
18	1.405
19	1.520
20	1.635
21	1.750
22	1.870
23	1.995
24	2.120
25	2.245

Ich selbst [Bergmann sen.] stellte mir hierbei die Frage nach der Stärke des Reizes (Temperaturmaxima) auf die Weisel und unterzog die Messwerte von BRETSCHKO und meine eigenen einer mathematisch-statistischen Prüfung. Hierzu wurde eine Ausgleichspolynome, y = tägliche Eiablagequote in Abhängigkeit von x = tägliches Temperaturmaximum, berechnet.

Sie lautet: $y = 22{,}8295x^{1{,}4254}$

Aus dieser Formel konnten die in Tabelle 4 dargestellten Werte errechnet werden [BERGMANN 1983].

Weiter wurden für y und x der Korrelationskoeffizient r berechnet. Er ist der Ausdruck für Straffheit zwischen x und y und nimmt im Idealfall den Wert 1,0 an. Der ermittelte Korrelationskoeffizient erreichte den Wert r = 0,9916 und signalisiert eine außerordentlich enge Beziehung zwischen der täglichen Eiablage der Weisel und der Tagesmaximaltemperatur. **Ohne Einschränkung kann festgestellt werden, dass unter der Voraussetzung eines ausreichenden Futtervorrates und einer ausreichenden Pollenversorgung die Tagesmaximaltemperatur während der Monate Mitte Februar bis Mai der dominierende Reiz für die Ausdehnung des Brutnestes ist.** Der Imker dürfte kaum in der Lage sein, diesen Reiz durch weitere imkerliche Maßnahmen noch zu steigern; auch nicht durch eine zusätzliche Reizfütterung. Dies hatten ja schon unsere Vorgänger erkannt, da sie die Frühjahrsreizfütterung spekulativ nannten [ALBERTI 1918].

Zum Schluss dieses Kapitels möchte ich jedoch kritisch anmerken, dass die Untersuchungen nur an Völkern der Rasse „Carnica" erfolgten. Bei Völkern anderer Rassen können durchaus Abweichungen, speziell in der Tab. 4, auftreten, doch dürften sie eine ähnlich strenge Korrelation besitzen.

2.3 Der Reiz des Trachtangebotes

Bedingt durch unser Klima sind unsere Bienen gezwungen, eine fast trachtlose Zeit von einem halben Jahr zu überbrücken. Sie sind in der trachtspendenden Zeit gezwungen, soviel Nektar einzutragen und zu Honig zu verarbeiten, um gefahrlos die nektarfreie Zeit überleben zu können. **So hat sich der Außenreiz der nektarspendenden Pflanzen im Laufe der Entwicklung zu einem Hauptreiz für das Bienenvolk entwickelt, der alle anderen Reize überdecken kann.** Die wirksamste Waffe gegen ausbrechendes Schwarmfiber ist das Einsetzen einer Massentracht. Das Bienenvolk mobilisiert alle Kräfte, um den Nektarsegen zu bergen und „vergisst" darüber das Schwärmen. Dies ist zu beachten, wenn zu diesem Zeitpunkt die Weiselzucht betrieben werden soll. Das Volk verspürt in dieser Zeit wenig Lust, junge Weiseln zu pflegen und zu schwärmen.

Dem Bienenvolk ist die Erkundung der Tracht so wichtig, dass es eigens dafür ein Erkundungssystem in Form von Spürbienen mit einer allen Bienen verständlichen Sprache entwickelt hat. Die Entschlüsselung dieser Tanzsprache gelang im ersten Drittel des vorigen Jahrhunderts dem **Bienenforscher Karl von FRISCH, der als einziger Bienenforscher und Imker hierfür 1973 mit dem Nobelpreis geehrt wurde**. Eine Spürbiene, die eine Trachtquelle gefunden hat, teilt dies im Stock den anderen Bienen in einer Art Rundtanz mit. Sie zeigt den harrenden Bienen an, in welcher Richtung vom Bienenstock aus sich die Trachtquelle befindet. Hierbei wird der Sonnenstand als Orientierungshilfe benutzt (siehe Abb. 9). Da die Biene mit Hilfe ihrer Punktaugen polarisiertes

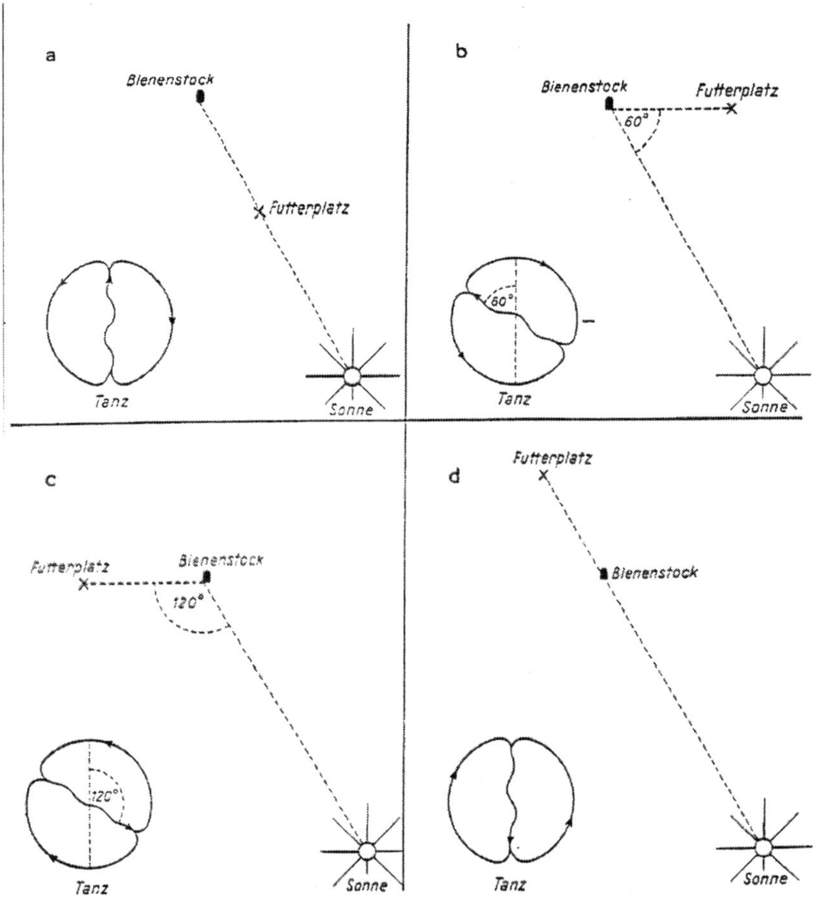

Richtungsweisung durch die Tänze. Die Sonne steht südöstlich vom Stock. Die Skizze links unten in jeder Abbildung zeigt schematisch, wie bei der angegebenen Lage des Futterplatzes der Schwänzeltanz verläuft (nach v. Frisch)

Abbildung 9:

Tanzsprache der Bienen

Licht sehen kann, ist sie in der Lage, auch bei bedecktem Himmel die Sonne zu sehen. Die Entfernung bis zur Trachtquelle wird durch schwänzelartige Bewegungen ihres Hinterleibes übermittelt. Werden die Tanz- und Schwänzelbewegungen gemächlich ausgeführt, sagt sie den beobachtenden Bienen, dass die Trachtquelle nicht sehr ergiebig ist. Werden dagegen die Bewegungen sehr erregt und hektisch ausgeführt, signalisiert die Spürbiene eine sehr ergiebige Tracht. Die Erregung der Spürbiene springt auf die beobachtenden Bienen über, die nun ihrerseits ausfliegen, die Nektartracht zu bergen. Nach der Beendigung des Informationstanzes verteilt die Spürbiene an die umstehenden Bienen ein kleines Tröpfchen Nektar und übermittelt so, auf welche Nektartracht sich ihre Informationen beziehen.

Auf solche Massentrachten hat der Imker in der Regel nur selten Einfluss. Trotzdem sollte es sein Bestreben sein, sich durch Wanderung ein dauerndes Nektarfließband zu schaffen. Er kann auf diese Weise zum Einen seinen Honigertrag steigern. Zum Anderen erleichtert es ihm die Völkerführung, da der ständige Reiz des Trachtangebotes den Schwarmtrieb sehr wirksam unterdrückt.

Solange Flugwetter herrscht, funktioniert das Informationssystem der Spürbienen, auch wenn wie im Spätsommer kein Trachtangebot mehr vorhanden ist. Dann versuchen die Spürbienen in fremde Völker einzudringen, um diese zu berauben. Im Normalfall wehren die Wachbienen die Räuber ab. Doch gibt es zwei Situationen, in denen der Imker eine Räuberei provozieren kann. Dies kann bei der Entnahme der letzten Honigtracht oder bei der Einfütterung passieren. Wird bei der Honigwabenentnahme nicht zügig gearbeitet oder bleiben gar Honigwaben offen stehen, finden sich bald Näscher ein, die ihre Stockgenossen alarmieren, die dann auf Raub ausgehen. Um dies zu vermeiden, sollte der Imker mit sicheren Bienenfluchten arbeiten, die eine zügige Honigwabenentnahme ermöglichen. Ähnlich vorsichtig ist bei der Wintereinfütterung vorzugehen. Warme Zuckerlösungen sollten prinzipiell nur gegen Abend verabreicht werden, da die hereinbrechende Nacht die Bienen von der

Räuberei abhält. Bei der Fütterung selbst ist darauf zu achten, dass kein Futter achtlos vergossen wird, da es zu dieser Zeit sofort Näscher anlockt. Der Imker tut gut daran, die alte Imkerweisheit zu beachten: **„Jeder Räuberei geht voraus eine Eselei des Imkers."** Ist es trotzdem zu einer Räuberei gekommen, muss der Imker schnell und entschlossen handeln, wenn er das beraubte Volk retten und die Räuberei auf dem Stand beenden will. Das Flugloch des beraubten Volkes wird sofort geschlossen und das Volk selbst außerhalb des Flugkreises gebracht. Dort wird das Flugloch geöffnet, was zur Folge hat, dass die Raubbienen den Bienenstock fluchtartig verlassen. Da sie den Heimweg nicht mehr finden, betteln sie sich jetzt bei dem beraubten Volk an, was zu einer Beruhigung der Lage führt und am Abend des nächsten Tages mit der Auffütterung des beraubten Volkes begonnen werden kann.
Die Bienen des Räubers werden durch die Fortnahme des beraubten Volkes sehr stark irritiert und versuchen nun in eines der Nachbarvölker einzudringen. Damit ihnen dies nicht gelingt, streue man eine Handvoll Sägespäne oder Getreidespelzen in die Wabengassen des Räubers. Auf diese Weise wird der Räuber anderweitig beschäftigt, in dem er diese Fremdkörper aus dem Stock entfernen muss. Über diese neue Arbeit vergisst er das Rauben und so kehrt Ruhe am Bienenstand ein.
Etwas schwieriger als die offene ist die stille Räuberei festzustellen. Sie hat in den allermeisten Fällen eine schadhafte Stelle in der Bienenbeute zur Voraussetzung, durch die die Räuber oft unbemerkt vom Bienenvolk eindringen. Eine solche schadhafte Stelle kann ein Spalt im Holz oder ein Loch in der Gaze des hohen Bodens sein. Als erste Maßnahme ist die schadhafte Stelle zu verschließen. Die Bienen des Räubers werden trotzdem versuchen, auf dem gewohnten Weg in das Volk einzudringen. Jetzt haben wir die Gelegenheit, die Räuber zu kennzeichnen, in dem wir sie mit Mehl bestäuben. Da sie nicht mehr in das fremde Volk eindringen können, fliegen sie zurück und zeigen uns an, welches Volk der Räuber ist. Dieser wird nun wie beschrieben mit einer Handvoll Sägespäne beschäftigt und vergisst auf diese Art die Räuberei.

2.4 Der Reiz des Brutnestes auf die innere Organisation des Bienenstockes

Zwischen den Futtervorräten des Bienenvolkes und dem Flugloch liegt wie eine Barriere das Brutnest. Hat ein Räuber die Wachen am Flugloch überwunden, so muss er sich durch das Brutnest kämpfen, um an die Futtervorräte zu gelangen. Dieser lange Weg macht es einem Räuber sehr schwer, die Futtervorräte lebend zu erreichen. In unseren Magazinen mit dem Flugloch unten, wird der Honig generell in den oberen Zargen abgelagert, während sich das Brutnest in den unteren Zargen befindet. Weiter ist zu beachten, dass der obere Rand des Brutnestes immer Kontakt zu der darüber liegenden Futterglocke hält. So wächst im zeitigen Frühjahr das Brutnest gewissermaßen nach oben in die Futterglocke hinein, während die unteren Wabenteile vorerst aufgegeben werden. Sie werden durch die geschlüpften Jungbienen erst später wieder in das Brutnest einbezogen. Gleichzeitig dehnt sich das Brutnest nach oben durch den Futterverbrauch aus. Erst mit dem Einsetzen einer stärkeren Tracht, wird das Brutnest wieder nach unten gedrückt, in dem die in der Nähe der Futterglocke liegenden Brutzellen nach dem Schlupf der Bienen mit Honig gefüllt werden. Auf diese Weise verschiebt sich das Brutnest nach unten.

Bei einer stärkeren Tracht kann es hierbei sehr leicht zum Verhonigen des Brutnestes kommen, was wiederum infolge der Legenot der Weisel zum Ausbruch des Schwarmfiebers führt. Diese Entwicklung ist von der Natur gewollt, da die im Mai fallenden Schwärme beste Überlebenschancen haben. Dies haben unsere Altvorderen klar erkannt, in dem sie den Wert der Schwärme nach dem Monat berechneten: **„Schwarm im Mai – ein Fuder Heu; Schwarm im Jun – ein fettes Huhn; Schwarm im Jul eine Federspul.“** Ein im Juli gefallener Schwarm hat nur geringe Überlebenschancen, da er in kürzester Zeit 3 große Leistungen erbringen muss. Er muss das erforderliche Wabenwerk schaffen, die Winterbienen erzeugen und genügend Honig als Winterfutter einlagern, was nur bei einer sehr guten Spättracht möglich ist.

Dem Magazinimker passt diese an sich natürliche Entwicklung nur schlecht ins Konzept, da ihm der Ausbruch des Schwarmfiebers im Mai einen großen Teil der Honigernte kostet. Er muss deshalb dafür sorgen, dass der Druck der Futterglocke auf das Brutnest nicht zu stark wird und dass das Brutnest nicht verhonigt. Dies wird erreicht, in dem man das Volk mit einer ganzen Zarge bei Einsetzen der Tracht erweitert. Diese Zarge wird unmittelbar über das Brutnest aufgesetzt, so dass das Volk, ohne das Brutnest zu belasten, die Futterglocke ausbauen kann. Auf keinen Fall darf die Erweiterungszarge als unterste Zarge über dem Flugloch gegeben werden. Zwar kann sich in diesem Fall das Brutnest nach unten ausdehnen, doch bleibt der Druck der Futterglocke auf das Brutnest erhalten, so dass trotz der Erweiterung der Schwarmtrieb ausbrechen kann.

Die Lage des Brutnestes ist weiter bei der Entnahme der Honigwaben zu beachten. In diesem Fall werden die mit Honig gefüllten Waben über dem Brutnest entnommen und durch Leerwaben ersetzt, die in der Regel noch honigfeucht sind. Durch das Fehlen der Futterglocke entsteht eine für das Bienenvolk paradoxe Situation. Das Bienenvolk versucht den Anschluss des Brutnestes an die Futterglocke herzustellen, in dem die Weisel die Leerwaben bestiftet. Dadurch wächst das Brutnest weiter nach oben, während die unteren Zargen aufgegeben werden. Sie dienen nur noch dem Durchlauf und den Spürbienen als Tanzplatz. Da mit dem Einsetzen einer erneuten Tracht eine neue Futterglocke geschaffen werden muss, kommt es, wie bereits beschrieben, zum Verhonigen des Brutnestes und zum Ausbrechen des Schwarmtriebes. Dies kann der Imker jedoch verhindern, in dem er zwischen der oberen Brutzarge und der aufzusetzenden Leerzarge ein Absperrgitter legt. Die Weisel wird hierdurch gehindert, die Leerzarge zu bestiften und es bleibt genügend Platz zum Aufbau einer neuen Futterglocke.

3. Betriebsweisen

Als der Mensch vor Jahrtausenden dazu überging, die Bienenvölker nicht mehr nur auszurauben, sondern auf ihren Erhalt achtete, war unbewusst die erste Betriebsweise der Imkerei entstanden. Heute können wir feststellen, dass 3 Faktoren die Betriebsweisen bestimmen:

1. die Biologie des Bienenvolkes,
2. die Trachtverhältnisse und
3. die Bienenwohnung.

Stand noch vor 150 Jahren die Schwarmfreudigkeit der Bienenvölker im Interesse des Imkers, hat sich dies mit Ausnahme der afrikanisierten Bienen in Süd- und Mittelamerika zum größten Teil in Richtung Schwarmträgheit verschoben. Naturschwärme sind nur noch ausnahmsweise im Angebot der Imker zu finden.

Eine ähnlich krasse Verschiebung ist bei den Trachtverhältnissen eingetreten. So wurde noch in den dreißiger Jahren des vorigen Jahrhunderts die Frühtracht als eine Entwicklungstracht angesehen. Der finanzielle Ertrag der Imkerei wurde aus der Sommer- und Spättracht (Heide) erwirtschaftet. Heute wird in vielen Gegenden Mitteleuropas die Frühtracht als Haupttracht angesehen, während die Spättracht fast vollständig verschwunden ist. Der Imker hat keine Zeit mehr, die Entwicklung der Völker abzuwarten. Er muss Ende April/Anfang Mai bereits im Besitz schlagkräftiger Völker sein, wenn er aus der Frühtracht Erträge erziehen will.

Die Bienenwohnung stellt gewissermaßen die technologische Komponente der Betriebsweise dar. Rein theoretisch können wir in jeder sauberen Kiste Bienen halten und Honig gewinnen, doch würde der Arbeitsaufwand in solche Höhen steigen, dass jegliche Rentabilität verloren geht. **Wir fordern daher von einer Bienenwohnung, dass sie bienengerecht ist und dem jeweiligen Stand der Volksentwicklung mit wenigen Handgriffen angepasst werden kann.**

Diese Forderung wird von dem kompatiblen Magazinsystem für die Wabenmaße Langstroth, Zander oder Dadant annähernd optimal erfüllt, wobei die 1851 von Langstroth entdeckte Bee Space (Bienenabstand) in jeder Beziehung eingehalten wird. Hierdurch wird das Verbauen der einzelnen Rähmchen untereinander und mit den Zargen verhindert, so dass ein Zargentausch oder Rähmchenwechsel keine Gewalt erfordert (siehe Kapitel 1).

3.1 Arbeiten, die unabhängig von der Betriebsweise durchgeführt werden müssen

Kernstück, des von KIEß (1998) entwickelten Magazins ist die 10 Waben umfassende Zarge, die nur in der Höhe verändert werden muss, um auch mit Langstroth-, Zanderflachrähmchen bzw. mit modifiziertem Dadantmaß imkern zu können (siehe Kap. 1). Bodenbrett, Innen- und Außendeckel sind für alle genannten Maße gleich. Diese Gleichheit bedingt, dass eine Reihe von Arbeiten mit dem Magazin unabhängig von der gewählten Betriebsweise durchgeführt werden können. Als besondere Schwerpunkte sind die Säuberung der Bodenbretter, die Flugloch-beobachtung im Frühjahr, das Geben des Baurahmens, der gezielte Einsatz des Absperrgitters und die Wanderung anzusehen, da hier ein richtiges Handling zu einer nicht zu unterschätzenden Kraft- und Arbeitsersparnis führt.

3.1.1 Das Reinigen der Bodenbretter

Im Laufe des Winters sammeln sich auf den Bodenbrettern Wachsmüll und tote Bienen an, da die Bienen bei niedrigen Temperaturen die Bienentraube nicht verlassen können, um den Unrat aus dem Stock zu transportieren. Sofort nach dem Reinigungsflug beginnen die Bienen mit dem Aufräumen des Bodenbrettes, was jedoch nicht ohne Bienenverluste abgeht, da sich die Transportbienen oft an ihren toten Schwestern verhaken und am Boden verklamen. Diese Schwerstarbeit sollte der Imker nicht den Bienen überlassen, sondern selbst übernehmen, zumal die toten Bienen Träger von Krankheitserregern sein können und aus hygienischen Gründen auf dem schnellsten Weg beseitigt werden sollten. Als günstigster Zeitpunkt kann ein Tag über 5 °C, kurz vor dem erwarteten Reinigungsflug, oder 1 bis 2 Tage nach dem Reinigungsflug angesehen werden.

Die praktische Durchführung hängt von dem gewählten Bodenbrett ab. Wird mit dem in Kapitel 1 beschriebenen Wendeboden gearbeitet, empfiehlt es sich, eine geringe Anzahl von Ersatzböden zum Austausch bereit zu halten. Die Arbeit wird zweckmäßigerweise im Zwei-Mann-Betrieb in 4 Schritten durchgeführt.

1. Schritt: mittels Stoßmeißel das Bodenbrett von den Zargen lösen
2. Schritt: Zargen anheben
3. Schritt: Bodenbretter austauschen
4. Schritt: Zargen auf das neue Bodenbrett aufsetzen.

Die ausgetauschten Bodenbretter werden jetzt in der Form gereinigt, dass mit Hilfe eines Spachtels die toten Bienen und der Müll vom Boden entfernt werden und der Boden mit einer harten Bürste und klarem Wasser kurz abgebürstet wird. Danach kann der Wendeboden sofort wieder wie beschrieben zum Einsatz kommen. Es ist lediglich darauf zu achten, dass der Boden gewendet wird und die gesäuberte Seite jetzt die untere Außenseite bildet.

Wird dagegen, wie im Kapitel 1 beschrieben, mit einem hohen Gitterboden gearbeitet, entfällt der Austausch der Böden. Der hohe Gitterboden wird an seiner Rückseite geöffnet und mit einer Kratze die toten Bienen und der Müll entfernt. Da er nach unten durch Drahtgaze verschlossen ist, entfällt hier jede weitere Säuberungsmaßnahme, da kleine Müllteile durch die Drahtgaze herausfallen.

3.1.2 Fluglochbeobachtung im Frühjahr

In älteren Imkerbüchern z.B. ALBERTI (1918) und OTTO (1953) wird den Imkern geraten, nach dem Reinigungsflug eine Frühjahrshauptnachschau durchzuführen. Leider hat sich diese überflüssige und gefährliche Empfehlung bis in unsere Tage erhalten. Gefährlich deshalb, da zu diesem Zeitpunkt das Verhältnis der Weisel zu den Arbeitsbienen noch sehr locker ist und die Arbeitsbienen bei einer Störung dazu neigen die Weisel einzuknäueln, was zum Tod der Weisel führen kann. Überflüssig deshalb, da zu diesem Zeitpunkt die erforderlichen Informationen auch ohne Störung des Bienenvolkes durch die Fluglochbeobachtung erhalten werden können.

Die Fluglochbeobachtung sollte bereits am Tag des Reinigungsfluges beginnen. Völker, die kräftig fliegen und abkoten, danach das Flugloch ruhig belagern und ein dumpfes Brummen ertönen lassen, sind in Ordnung und bedürfen keiner besonderen Aufmerksamkeit.

Erfolgt der Reinigungsflug sehr früh im Januar oder Anfang Februar bei noch relativ geringen Temperaturen bis 12 °C kann es vorkommen, dass einige Völker den Reinigungsflug noch nicht mitmachen. Antworten diese Völker auf ein kräftiges Klopfen mit einem tiefen Brummen, so können wir davon ausgehen, dass auch hier alles in Ordnung ist. Sie haben den Reinigungsflug noch nicht nötig. Reagiert ein solches Volk nicht auf das energische Klopfen des Imkers, besteht der Verdacht, dass es den Winter nicht überlebt hat. Ein Ankippen der Zargen bringt uns die Gewissheit. Abgestorbene Völker sind aus hygienischen Gründen sofort zu verschließen und vom Stand zu entfernen, um ein ausrauben und dadurch die Übertragung von Krankheiten zu verhindern.

Fallen uns nach dem Reinigungsflug Völker auf, deren Bienen unruhig auf dem Anflugbrett umherlaufen, eventuell dort Kot absetzen und von Zeit zu Zeit Heultöne erzeugen, so zeigt uns dies eine starke Unregelmäßigkeit an. Solche Völker sind sofort oder an einem folgenden warmen Tag auf Weiselrichtigkeit zu untersuchen. In der Regel sind diese Völker weisellos. Ist der Bestand an Arbeitsbienen schon sehr stark geschrumpft, wird das Magazin geschlossen und vom Stand entfernt. Die Bienen werden vor dem Stand abgefegt und können sich bei den anderen Völkern anbetteln. Sind dagegen noch genügend gesunde Arbeitsbienen vorhanden, kann das Volk mit Hilfe eines Reserveablegers in Form eines Einzargenvolkes neu beweiselt werden. Zu diesem Zweck

wird das weisellose Volk zu dem Standplatz des Reserveablegers gebracht und seine Zargen auf das Bodenbrett des Reserveablegers aufgesetzt. Hierdurch tritt eine gewisse Desorientierung der Flugbienen des weisellosen Volkes ein, was sie davon abhält, mit den Bienen des Reservevolkes eine Beißerei zu beginnen. Auf die Zarge (n) des weisellosen Volkes wird ein Papierbogen gelegt, der mit Hilfe eines Nagels durchlöchert wurde. Darauf wird die Zarge des Reservevolkes mit Innen- und Außendeckel aufgesetzt. Auf diese Art sind beide Völker vorerst getrennt, nehmen aber durch die Löcher Kontakt auf. So beginnt das Pheromon der Weisel in dem weisellosen Volk zu kreisen, ohne dass die Bienen sich gleich vermischen können. Die Bienen beginnen dann das störende Papier zu zernagen, so dass sich beide Teile des Volkes langsam und ohne Gefahr für die Weisel vereinigen. Nach ca. 14 Tagen können die Papierreste durch den Imker entfernt werden.
Stellt der Imker bei der Durchsicht fest, dass das Volk an einer Krankheit z.B. Nosema leidet, was sich in den allermeisten Fällen an bekoteten Waben zeigt, so muss das Volk aus hygienischen Gründen abgeschwefelt werden. Das Magazin ist danach gründlich zu desinfizieren, was einmal durch ein sorgfältiges Abflammen aller Innenwände mit der Lötlampe oder durch Abwaschen mit Natronlauge erfolgen kann. Die Natronlauge kann von den Imkerfachgeschäften bezogen werden, die die hierfür erforderliche Rezeptur einschließlich der notwendigen Hinweise auf Schutzmaßnahmen mitliefern. Auf jeden Fall sollte der Imker seine Hände durch Gummihandschuhe und seine Augen durch eine Schutzbrille schützen (Gefahr der Verätzung).
Hat der Imker aus irgendeinem Grund den Reinigungsflug verpasst, wird die Fluglochbeobachtung bis zum Zeitpunkt der Stachelbeerblüte umso wichtiger. Völker, die stark fliegen und deren Pollensammlerinnen mit dicken Pollenhöschen zurückkehren, sind in Ordnung und bedürfen keiner Durchsicht. Völker, die dagegen nur schwach fliegen, kaum Pollen eintragen bzw. deren Pollenträgerinnen nur sehr kleine Pollenkörbchen höseln, sind höchst verdächtig und sollten an den nächsten warmen Ta-

gen durchgesehen werden. Hier ist dann zu entscheiden, ob das Volk neu beweiselt, abgefegt oder abgeschwefelt werden muss.

3.1.3 Sinn und Zweck des Baurahmens

Den Bienen muss im Frühjahr die Möglichkeit gegeben werden, Drohnenbau auszuführen, da Drohnen im Zeitraum von Mai bis Ende Juli zum Bienenvolk gehören. Wird die Entstehung von Drohnen unterdrückt, entsteht Stress im Bienenvolk und die Bienen bauen im Wabenwerk Arbeiterzellen in Drohnenzellen um. Am einfachsten gelingt die Drohnenzucht mit Hilfe des Baumrahmens in Form eines leeren Rähmchens.

In älteren Lehrbüchern ist noch der Hinweis zu finden, dass der Baurahmen als Schwarmbarometer wirkt und dem Imker die Schwarmstimmung des Volkes anzeigt [ALBERTI 1918, OTTO 1953]. Wird am Baurahmen nicht mehr gebaut, so ist die Schwarmstimmung im Volk ausgebrochen. Um dies richtig beurteilen zu können, sollte der Baurahmen alle 7 Tage ausgeschnitten werden, egal ob die Weisel ihn bestiftet hat oder nicht. Diese Baurahmenkontrolle war damals bezüglich der Schwarmstimmung sicher, da sich die einheimische dunkle Biene (Apis melifica melifica) wirklich wie beschrieben verhält. Doch diese Biene ist heute weitgehend durch die Carnicabiene (Apis melifica carnica) verdrängt, die dem beschriebenen Verhalten nicht folgt. Unsere heutigen Bienen bauen bis zum Auszug des Schwarmes am Baurahmen, so dass dieser seine Funktion als Schwarmbarometer verloren hat.

Mit dem Auftreten der Varroamilbe hat der Baurahmen wieder stark an Bedeutung gewonnen, da die Varroamilben mit Vorliebe in die Drohnenbrut eindringen und durch das Ausschneiden der verdeckelten Drohnenbrut stark reduziert werden können (s. Kapitel 6). Trotzdem ist von einem totalen Ausschnitt der Drohnenbrut abzuraten, da dann die Bienen mit dem Umbau von Arbeiterzellen beginnen. Deshalb sollte man den ersten ausgebauten Brutrahmen schlüpfen lassen, um dem Volk die erforderlichen Drohnen zu geben. Hierdurch wird dem Volk die Harmonie erhalten, denn ein Volk benötigt hierfür nur 200 bis 2.000 Drohnen [HÜSING und NITSCHMANN 1987]. Danach wird dann die folgende Drohnenbrut konsequent entnommen, um den Bestand an Varroamilben zu reduzieren.

3.1.4 Der gezielte Einsatz des Absperrgitters

Der periodisch auftretende Streit um den Einsatz des Absperrgitters in unseren Fachzeitschriften mag interessant sein, bringt uns aber keinen Schritt weiter. Bei der Beutenvielfalt im deutschsprachigen Raum kann es keine allgemeingültige Aussage geben. So ist im Gebiet der ehemaligen DDR noch immer die Normbeute 52 weit verbreitet, mit der ein Imkern ohne Absperrgitter nicht möglich ist. Bei dem kompatiblen Magazin von KIEß ist der Einsatz eines Absperrgitters grundsätzlich vorgesehen (siehe Kap. 1). Doch besteht die Möglichkeit, auf das Absperrgitter zu verzichten. Allerdings sollte man sich vor einem Verzicht über die Vor- und Nachteile des Absperrgitters klar werden.

<u>Pro Absperrgitter - Vorteile:</u>

Das Absperrgitter beschränkt die Brutwaben auf die unteren Zargen und trennt die Brutwaben streng von den Honigwaben. Bei der Völkervermehrung können, ohne nach der Weisel zu suchen, Bienen sowie in den Honigraum hochgehängte Brutwaben entnommen werden. Da es sehr zeitaufwendig sein kann, die Weisel in den starken Magazinvölkern zu suchen, stellt der Einsatz des Absperrgitters eine echte Zeitersparnis dar.

<u>Pro Absperrgitter – Nachteile:</u>

Das Absperrgitter ist ein reines Kunstprodukt des Menschen, das es in natürlichen Bienenwohnungen nicht gibt. Es wird daher von den Bienen als Störung empfunden, was sich darin ausdrückt, dass aufgesetzte Leerzargen ohne Absperrgitter schneller von den Bienen angenommen werden. Auch zeigt es sich, dass sich Bienen mit gefülltem Honigmagen ungern durch das Gitter zwängen. Dies hat zur Folge, dass die Honigkränze der Brutwaben unmittelbar unter dem Absperrgitter dickwabenähnlich ausgezogen werden. Weiter konnten wir beobachten, dass das Verdeckeln der Honigwaben über dem Absperrgitter langsamer verläuft als in Magazinen ohne Absperrgitter. Hierfür kann es zwei Gründe geben. Zum Einen kann das Absperrgitter bewirken, dass weniger Bienen in die Honigraumzargen eindringen, da sie sich durch das Absperrgitter gestört fühlen und dadurch das Verdeckeln der Zellen zeitlich länger dauert. Zum Anderen besteht jedoch die Möglichkeit, dass das Absperrgitter die Durchlüftung herabsetzt, wodurch der Wasserentzug des Honigs langsamer abläuft.

Kontra Absperrgitter – Vorteile:

Die Bienen können sich ohne Behinderung durch alle Zargen bewegen und nehmen die Erweiterungszarge sofort an. Die Honigwaben werden sehr schnell und vollständig verdeckelt. Auch werden die Honigkränze über den Brutwaben nicht dickwabenähnlich ausgezogen.

Kontra Absperrgitter – Nachteile:

Bei einer Läppertracht oder einer längeren Schlechtwetterperiode, lässt der Druck der Futterglocke auf das Brutnest nach und dieses rutscht nach oben. Dabei kann die untere Zarge völlig aufgegeben werden. Sie dient dann den Flugbienen als Aufenthaltsraum. Werden schwarmverhindernde Maßnahmen, wie Schröpfen oder Ablegerbildung erforderlich, muss die Weisel gesucht werden, um zu verhindern, dass sie in Volkteile gelangt, von denen sie ferngehalten werden soll.

Wie aus den Darlegungen ersichtlich ist, haben beide Verfahren Vor- und Nachteile. Wir sind daher dazu übergegangen, das Absperrgitter gezielt einzusetzen. Wenn wir eine gute Frühtracht haben, geben wir die erste Erweiterungszarge, bestehend aus 3 ausgebauten aber unbebrüteten Langstrothwaben und 7 Mittelwänden ohne Absperrgitter. Hierbei kann es bei einigen wenigen Völkern passieren, dass eine oder zwei der ausgebauten Waben bestiftet werden. Diese bestifteten Waben werden bei einer der folgenden Durchsichten gegen die Backenwaben der darunter liegenden Zarge ausgetauscht. 14 Tage bis 3 Wochen nach dem

Aufsetzen der ersten Erweiterungszarge ist bei einem guten Trachtverlauf der Zeitpunkt gekommen, dass die zweite Erweiterungszarge gegeben werden kann. Sie besteht aus 5 ausgebauten Langstrothwaben und 5 Mittelwänden und wird als 4. Zarge oben aufgesetzt. Während der gesamten Frühtracht verzichten wir auf den Einsatz des Absperrgitters.
Nach dem Abschleudern der Frühtracht wird den Völkern je eine Zarge mit ausgebauten Waben zurückgegeben. Zwischen den zwei Brutraumzargen und der Honigraumzarge wird jetzt das Absperrgitter eingelegt. Der Verlust der Futterglocke würde die Weisel veranlassen, die honigfeuchten Waben der dritten Zarge zu bestiften, was ein Hochrutschen des Brutnestes zur Folge haben würde.
Die kräftig einsetzende Sommertracht bewirkt, dass sich schnell wieder eine Futterglocke über der Brut ausbildet. Nach dem Abschleudern ist meist schon nach 8 Tagen, spätestens nach 14 Tagen, die Futterglocke so stabil, dass das Absperrgitter wieder entfernt werden kann, um den Bienen freien Zugang zu schaffen. Somit lässt sich unsere Maxime zum Einsatz des Absperrgitters in zwei Sätzen zusammenfassen: <u>Das Absperrgitter wird nur unmittelbar nach einer Schleuderung eingelegt. Sobald sich die Futterglocke über der Brut wieder stabilisiert hat, wird es entfernt.</u>

3.1.5 Wanderung

Es gibt nur sehr selten Bienenstände, die so günstig gelegen sind, dass während der ganzen Saison eine ausreichende Tracht vorhanden ist. Imker, die an einer gewissen Rentabilität ihrer Imkerei interessiert sind, müssen daher Trachtlücken durch Wandern überbrücken. Das erfolgreiche Wandern ist an bestimmte Bedingungen gebunden, die der Imker beachten muss, um Völkerverluste bei der Wanderung zu vermeiden. Neben den äußeren Bedingungen des Wanderns muss vor allem die Bienenwohnung wanderfähig sein.

3.1.5.1 Herstellen der Wanderfähigkeit des Magazins

Drei Voraussetzungen müssen bei dem eingesetzten Magazin für eine sichere Wanderung gegeben sein:

1. eine genügende Belüftung während des Wanderns,
2. ein sicherer Verschluss des Flugloches und
3. Herstellung einer sicheren Verbindung aller Teile des Magazins.

Herstellen einer ausreichenden Belüftung

Die Wanderung stellt für die Bienen eine ungewöhnliche Belastung dar. So ist ihnen der Durchgang durch das Flugloch verschlossen, was gleichzeitig zur Folge hat, dass auch die Belüftung durch das Flugloch unterbrochen ist. Allein diese Umstände können die Bienen so aufregen, dass bei höheren Tagestemperaturen die Stocktemperatur so stark ansteigt, dass Waben herunterbrechen. Es entsteht ein tödliches Gemisch von zerbrochenem Wabenwerk, Honig und beschmierten Bienen. Der Imker spricht in diesem Fall vom Verbrausen des Bienenvolkes. Es ist daher für eine ausreichende Belüftung Sorge zu tragen.
Wird bei dem kompatiblen Magazin mit dem flachen Wendeboden (Kapitel1) gearbeitet, ist vor der Wanderung der Außen– und Innendeckel zu entfernen und an ihrer Stelle das Wandergitter (Kap. 1) aufzulegen. Die Wärme kann jetzt nach oben durch das Wandergitter abziehen.
Wird dagegen mit dem hohen Gitterboden (Kap. 1) gearbeitet, ist ein Wandergitter überflüssig. Der hohe Gitterboden ist unten offen und mit Gaze bespannt. Die Bienen bekommen durch den Boden bei der Wanderung genügend Luft.

Verschluss des Flugloches

Bei beiden Bodentypen wurde auf Verschlussmechanismen verzichtet. Sie unterliegen, wie unsere Erfahrungen zeigen, sehr stark dem Verschleiß durch die Witterung und reizen Frevler immer wieder, die Fluglöcher zu verschließen. Das Flugloch wird in beiden Fällen durch einen Schaumgummistreifen verschlossen. Letzterer wird zweckmäßigerweise ein paar Tage vor der Wanderung zugeschnitten und kann später noch mehrmals benutzt werden.

Zusammenschnüren des Magazins

Das Zusammenschnüren des Magazins wird von Anfängern am meisten gefürchtet. Am sichersten ist hier die Verwendung von Ratschengurten, deren Länge ein Magazin mit 4 Zargen umfassen sollte. Er wird zweckmäßigerweise seitlich am Magazin angebracht. Mit Hilfe der Ratsche kann der Gurt so stark gespannt werden, dass ein Verrutschen der falzlosen Teile nicht eintreten kann.

3.1.5.2 Was bei einer Wanderung allgemein zu beachten ist

Eine gründliche Vorbereitung der Wanderung kann unnötige Aufwendungen und auch viel Ärger ersparen. Es ist selbstverständlich, dass die **Wanderplatzsuche** im engen Einvernehmen mit dem Eigentümer des Geländes durchgeführt wird, denn gegen seinen Willen dürfen keine Bienenvölker aufgestellt werden. Ist eine Wanderung in den Wald geplant, sind unbedingt alle Formalitäten mit dem zuständigen Forstbeamten abzusprechen. Da in einer Reihe von Bundesländern Waldwege bei der Erhöhung der Waldbrandwarnstufe gesperrt werden, ist auch diese Eventualität mit dem Forstbeamten zu besprechen.

Bei der Auswahl des Wanderplatzes sind unbedingt, die **Wegeverhältnisse** zu berücksichtigen. Er sollte in der Nähe eines befahrbaren Weges liegen, um ein Tragen der Bienenvölker über eine längere Strecke zu vermeiden. Auf keinen Fall sollte versucht werden, das Stück des Weges von der befestigten Straße zum Wanderplatz mit dem Fahrzeug zurückzulegen. Acker- und Waldböden sehen bei trockenem Wetter oft gut befahrbar aus. Sie verwandeln sich, besonders wenn ihr Lehm- oder Tonanteil hoch ist, schon bei geringen Niederschlägen in unbefahrbare Rutschpisten. Dann helfen nur noch Traktoren oder Seilwinden, um das Fahrzeug wieder auf den befestigten Weg zu bringen. Sind die genannten Fragen gelöst, muss sich der Imker eine **Wandergenehmigung** besorgen. Zu diesem Zweck wende man sich an den zuständigen Wanderwart, der in allen Fragen Auskunft erteilen kann. Die wichtigste Frage hierbei ist, ob eine Seuchenfreiheitsbescheinigung durch den Kreistierarzt vorliegen muss. Erst mit der erteilten Wandergenehmigung darf die Wanderung erfolgen.

Ein noch häufig auftretender Streit unter den Wanderimkern, dreht sich um die Frage der **Tageszeit zu der gewandert werden sollte**. Früher hieß es generell: **„man beginne im Dunkeln und fahre in den Morgen“**. Treten Pannen auf, so können sie mit dem beginnenden Morgenlicht beseitigt werden (OTTO 1953). Heute, wo die Fahrzeuge alle mit Scheinwerfern ausgestattet sind, hat diese strenge Festlegung ihre Bedeutung verloren. Wir haben wiederholt Wanderungen des Abends begonnen und sind in die Nacht hineingefahren, ohne dass es zu Komplikationen kam. Das Licht der Schweinwerfer des LKW's reichte völlig aus, um das Abladen und Aufstellen der Bienenvölker ohne Störungen auszuführen. Wichtig ist, die Völker nur die allernotwendigste Zeit bei geschlossenen Fluglöchern zu halten. Deshalb sollte das **Zusammenschnüren der Magazinteile** bereits einen Tag vorher erfolgen. Desgleichen kann das **Abnehmen der Ratschengurte** nach sehr langen Wanderstrecken oder bei hohen Tagestemperaturen auf den nächsten Tag verschoben werden.

Desgleichen ist die **Werkzeugkiste oder Wandertasche** vor dem Schließen der Fluglöcher zu packen. Sie sollte folgende Gegenstände enthalten:

1. Für jeden Mitwanderer, einschließlich des LKW-Fahrers, **einen Schleier und ein paar Handschuhe**. Im Havariefall müssen alle mithelfen, dass die Bienen nicht nach außen gelangen und so eventuell notwendige Bergungsarbeiten verhindern. In einem solchen Fall, wo der Imker die Kontrolle über seine Bienen verliert, wird die Polizei oder Feuerwehr zu Hilfe gerufen, die die Bienenladung mit Schaum zudeckt, was den Tod der Bienen bedeutet.

2. Der Werkzeugkasten muss **mehrere Scheren** und **mehrere Rollen Klebeband von 5 cm Breite** enthalten. Hiermit können bei einem Unfall auftretende Ritzen schnell und sicher verklebt werden.
3. Des weiteren sollten **ein gestopfter Rauchbläser, ein Feuerzeug, ein Stoßmeißel, ein Feldspaten und eine Wasserwaage** vorhanden sein.

Die **Fluglöcher** selbst werden erst verschlossen, wenn der Bienenflug eingestellt und das Wanderfahrzeug vorgefahren ist. Danach beginnt das Verladen. Hierbei kann eine **Wanderzange** oder eine **Wanderkarre** für eine entsprechende Arbeitserleichterung sorgen (letztere können vom Fachhandel bezogen werden). Ist das Wanderziel erreicht, wird sofort mit dem Abladen und mit der Neuaufstellung begonnen. Ist das Gelände sehr uneben, kann es erforderlich werden, den Stand der Bienenvölker vor dem Öffnen der Fluglöcher noch einmal mit der Wasserwaage zu prüfen.

Das Öffnen der Fluglöcher erfolgt in der Art, dass der Schaumgummistreifen entfernt wird. Hierbei sollte der Imker mit **Schutzanzug**, **Schleier** und **Handschuhen** arbeiten, da die Bienen nach der Fahrt sehr aufgeregt sind und geradezu aus dem Flugloch stürzen. Bei Wanderungen während der Sommer- oder Spätsommertracht empfiehlt es sich, vorher den Rauchbläser in Betrieb zu setzen und nach dem Öffnen des Flugloches einen kräftigen Rauchstoß zu geben. Hierdurch werden die Bienen etwas besänftigt.

Wie aus dem Gesagten ersichtlich ist, kann das Wandern eine anstrengende Arbeit sein. Deshalb sollte der Imker immer bestrebt sein, nur mit soviel Zargen pro Volk zu wandern, wie unbedingt erforderlich ist. Das Anwandern sollte nur mit den Brutraumzargen plus einer aufgesetzten Honigraumzarge erfolgen. Schwieriger wird dagegen das Abwandern mit vollen Honigzargen. Bei einer guten Tracht kann das Magazin auf 5 Zargen mit Langstrothganzwaben anwachsen. Solche „Wabentürme" lassen sich nur sehr schlecht transportieren und verladen, da der Honig in den oberen Zargen abgelegt ist und somit ein hohes Kippmoment entsteht, wenn das Magazin beim Transport aus der Senkrechten gerät. Aus diesem Grund sollte vor dem Abwandern der Honig abgeschleudert werden. Dadurch wird das Magazin wieder auf die Brutraumzargen plus einer Honigraumzarge verkleinert. Zu beachten ist nur, dass durch die Honigentnahme und der Rückgabe der Leerzarge mit honigfeuchten Waben eine nicht zu unterschätzende Unruhe im Volk entsteht, die man bei der Wanderung nicht gebrauchen kann. Es sollte deshalb nach dem Aufsetzen der Leerzarge und der Wanderung eine Ruhepause von 24 Stunden eingelegt werden.

3.2 Betriebsweisen mit Langstroth- und Zanderganzwaben

Das Charakteristikum dieser Betriebsweise ist, dass mit dem gleichen Wabenmaß in den Brut- und Honigraumzargen gearbeitet wird. Trotz dieser Gleichheit haben sich zwei etwas voneinander abweichende Betriebsweisen entwickelt; die Ein- und die Zweizargenüberwinterung, wobei die Einzargenüberwinterung die ältere Form ist. Die Zweizargenüberwinterung entstand in den Frühtrachtgebieten, um die reichlich vorhandene Frühtracht optimal nutzen zu können. Die Einzargenüberwinterung ist dagegen auf Gegenden ohne nennenswerte Frühtracht beschränkt. Die Völker können hier langsam bis zur einsetzenden Sommertracht die erforderliche Stärke erreichen, ohne dass sie bei der geringen Frühtracht zum Schwärmen gereizt werden.

3.2.1 Zweizargenüberwinterung

Nachdem sich der Imker am Tag des Reinigungsfluges von der Weiselrichtigkeit seiner Völker überzeugt hat, folgt als nächste Maßnahme das **Geben des Baurahmens**. Dies sollte an einem warmen Tag kurz nach dem Reinigungsflug geschehen, damit die Bienen den erwachenden Bautrieb befriedigen können. Auch vor dem Baurahmen hat die „Erfinderitis" unserer Imker nicht halt gemacht, so dass auch hier unterschiedliche Typen im Handel sind. Für die bereits erwähnte Normbeute 52 wurde sogar ein spezielles Baurahmenfenster entwickelt, damit sich der Im-

ker, ohne das Volk zu öffnen, über die Baulust des Volkes informieren konnte. Weit verbreitet ist der Baurahmen mit einer Querunterteilung. Er soll dem Volk ermöglichen, mit 2 Bautrauben gleichzeitig zu arbeiten.
Wir haben seit langem auf jegliche Sonderform des Baurahmens verzichtet, da sie uns keine messbaren Vorteile brachten. Stattdessen arbeiten wir mit einem einfachen gedrahteten Rähmchen, wobei wir auch auf einen Mittelwandstreifen am oberen Träger verzichten. Ist der Bautrieb erwacht, wird das Rähmchen mit und ohne Anfangstreifen zügig mit Drohnenbau ausgefüllt. Worauf wir allerdings streng achten, ist, dass der Baurahmen bei allen Völkern an der gleichen Stelle steht, und zwar in der unteren Zarge auf Platz Nr. 9. Dies erspart uns das Suchen, wenn später der Baurahmen ausgeschnitten werden soll. Die untere Zarge wurde gewählt, um die Weisel von Zeit zu Zeit zu veranlassen die untere Zarge aufzusuchen, um den Baurahmen zu bestiften. Da wir die untere Zarge mit den ältesten Waben nach dem Einfüttern entfernen, kann es nicht passieren, dass der Baurahmen aus Unachtsamkeit in das Winternest rutscht.
Das Einhängen des Baurahmens sollte schnell und ohne große Störung vor sich gehen. Zu diesem Zweck wird die obere Zarge abgenommen und aus der unteren Zarge, die Backenwabe (Wabe Nr. 10), entnommen. Die Wabe Nr. 9 wird auf die Stelle Nr. 10 gerückt. Auf Platz Nr. 9 wird der Baurahmen eingesetzt und die obere Zarge wieder aufgesetzt. Da wir die erste Drohnenbrut im Baurahmen schlüpfen lassen, wird eine Kontrolle derselben erst gegen Ende der ersten Maidekade erforderlich. Danach erfolgt sein regelmäßiger Ausschnitt, wenn die Drohnenbrut verdeckelt ist, zum Zweck der Dezimierung der Varroamilben.
Nach der Gabe des Baurahmens beschränken wir uns bis zur Stachelbeerblüte, die bei uns um den 20. April einsetzt, nur auf die Fluglochbeobachtung. Danach kontrollieren wir im wöchentlichen Abstand, ob das Volk reif zum **Aufsetzen der dritten Zarge ist**. Ein Volk ist reif zum Aufsetzen der dritten Zarge, wenn die Bienen kräftig in den Wendeboden bzw. in den hohen Boden durchhängen. Unter ‚kräftig' verstehen wir ei-

nen Durchhang, der die unteren Rähmchenleisten vollständig bedeckt. Diese Kontrolle gestaltet sich bei beiden Bodentypen einfach. Wird mit dem Wendeboden gearbeitet, werden beide Zargen mit Hilfe des Stoßmeißels vom Boden getrennt und soweit nach vorn gekippt, bis das gesamte Unterteil der ersten Zarge überblickt werden kann. Bei Verwendung des hohen Gitterbodens gestaltet sich die Kontrolle noch einfacher, da nur die Rückklappe geöffnet wird und somit der Blick auf das Unterteil der ersten Zarge frei ist.

Ist ein Volk reif für das Aufsetzen der dritten Zarge, so wird diese ohne Absperrgitter auf die zweite Zarge aufgesetzt. Sie wird vorher mit 3 ausgebauten, nach Möglichkeit unbebrüteten, Waben und 7 Mittelwänden ausgestattet, wobei die ausgebauten Waben in der Mitte der Zarge zu stehen kommen. Unbebrütete Waben empfehlen wir deshalb, weil bebrütete Waben die Weisel stark anreizen, diese zu bestiften, was wir nach Möglichkeit vermeiden wollen. Die Störung des Bienenvolkes dauert bei dieser Vorgehensweise nur 1 bis 2 Minuten.

Wie aus der Darstellung ersichtlich ist, verzichten wir auf den oft beschriebenen Zargentausch zwischen der ersten und zweiten Zarge, wie er von einer Reihe von Imkern empfohlen wird [BRETSCHKO 1985, LORENZ 1981]. Hierbei werden in einem bestimmten zeitlichen Rhythmus, meist 3 Wochen, die beiden Brutraumzargen gegeneinander vertauscht. Der Sinn dieser Maßnahme soll darin bestehen, dass hierdurch die Weisel gezwungen wird, das Brutnest zu vergrößern und eine gleichmäßigere Verteilung der Brut in beiden Zargen erreicht wird. Wir konnten jedoch bei unseren Versuchen nicht feststellen, dass die Völker mit durchgeführtem Zargentausch den anderen überlegen waren. Im Gegenteil, der hierdurch erforderliche Mehraufwand stand in keinem Verhältnis zu dem fiktiven Nutzen.

Mit dem Aufsetzen der dritten Zarge ist der Zeitpunkt der **Schwarmkontrolle** gekommen, die in der Regel wöchentlich bis zum Erlöschen des Schwarmtriebes im Juli vorgenommen werden muss. Grundsätzlich ist zur Schwarmtriebigkeit unserer Bienen zu bemerken, dass es unser Ziel sein sollte, schwarmträge Linien zu selektieren. Es ist ohne größeren Aufwand allein durch eine strenge Selektion möglich, die Schwarmträgheit soweit zu fördern, dass einjährige Weiseln in normalen Jahren nicht schwärmen. Die Betonung liegt hier auf normalen Jahren; denn keine Regel ohne Ausnahme. Es gibt witterungsbedingt, Jahre, wo in allen Völkern der Schwarmtrieb ausbricht.

Die **praktische Schwarmkontrolle** wird so durchgeführt, dass wir uns nur die Stellen ansehen, an denen die Bienen vorrangig Weiselzellen anblasen. Dies sind in diesem Magazin mit original Langstrothwaben die Rähmchenunterschenkel, deren Breite von nur 19 mm die Bienen veranlasst, vorrangig an dieser Stelle die Weiselzellen anzublasen. Deshalb müssen bei der praktischen Schwarmkontrolle zuerst die zweite Zarge und dann die erste Zarge soweit angekippt werden, dass die Rähmchenunterschenkel deutlich eingesehen werden können. Dabei können wir 4 Phasen zur Entwicklung des Schwarmtriebes feststellen.

1. Phase: keine Weiselnäpfe vorhanden
   Schwarmtrieb noch nicht erwacht!
2. Phase: Weiselnäpfe werden angeblasen
   Schwarmtrieb erwacht!
3. Phase: Weiselnäpfe werden hergerichtet und nehmen im Inneren
   ein glänzendes Aussehen an
   Volk gerät in Schwarmstimmung!
4. Phase: Weiselnäpfe sind bestiftet
   Schwarmstimmung ist ausgebrochen!

Stellen wir bei der Durchsicht fest, dass sich das Volk in der ersten oder zweiten Phase des Schwarmtriebes befindet, sind keine schwarmverhindernde Maßnahmen erforderlich. Stellen wir die dritte Phase des Schwarmtriebes fest, ist damit zu rechnen, dass das Volk in ca. 8 Tagen in die vierte Phase überwechselt. Dies ist jedoch nicht zwingend notwendig, setzt nämlich in diesem Zeitraum eine üppige Tracht ein, so kann der Schwarmtrieb wieder vollständig erlöschen. Erst wenn das Volk in die vierte Phase eingetreten ist, müssen Maßnahmen der

BUCHHANDLUNG
Georg VERZA GmbH
Hauptplatz 10
86899 Landsberg
Tel. 08191/92330 Fax 92338

1	2	10.05.2006
Ratgeber		
	1	22.80
ZW-SUMME EUR		22.80
Bar		22.80
MWST-BRUTTOUMSATZ		22.80
7.00% MWST 1	1.49	
NETTOUMSATZ	21.31	

Vielen Dank für Ihren Einkauf!
Einkaufen im Internet: www.verza.de
Ust-Id. 163912562

BON-NR	/ UHRZEIT /	KASSIERER
2123	17:54	2

Es bediente Sie
Kassierer 2

Schwarmverhinderung eingeleitet werden (siehe Kapitel 4). Neben der nun obligatorischen Schwarmkontrolle, muss der Imker auch den Honigeintrag im Auge behalten und falls erforderlich **weitere Zargen aufsetzen**. Dies kann bei einer üppigen Frühtracht in 2 bis 3 Wochen nach dem Aufsetzen der dritten Zarge erforderlich werden, wenn diese Zarge zu ⅔ mit Honig gefüllt ist. Zu diesem Zweck wird eine weitere Zarge mit 5 ausgebauten, unbebrüteten Waben und 5 Mittelwänden ausgestattet und auf die dritte Zarge als vierte Zarge aufgesetzt. Stellen wir bei den achttägigen Durchsichten fest, dass in dieser Zarge kräftig gebaut wird und die Zarge bereits zu ⅓ mit Honig gefüllt ist, empfiehlt es sich, die dritte und vierte Zarge gegeneinander auszutauschen. Gefahr, dass die Weisel in die obere Zarge eindringt und diese bestiftet besteht nicht, da dies der eingetragene Honig verhindert. Doch wird das Volk in dem Bestreben das Brutnest mit der Futterglocke zu verbinden, angereizt und zum weiteren Nektareintrag animiert.

Nur in Ausnahmefällen wird es erforderlich sein, eine weitere Zarge aufzusetzen, wenn die 20 Langstroth- oder Zanderwaben restlos mit Honig gefüllt und zum größten Teil verdeckelt sind. Zu diesem Zweck wird eine weitere Zarge mit 10 ausgebauten, unbebrüteten Waben bestückt und als dritte Zarge über die beiden Brutraumzargen aufgesetzt. Damit diese neue Zarge nicht von der Weisel bestiftet wird, ist es jetzt erforderlich, zwischen den Zargen 2 und 3 ein Absperrgitter einzulegen.

Da wir bestrebt sind Sortenhonige zu verkaufen, ist es erforderlich, gegen Ende der Frühtracht den eingetragenen Honig abzuschleudern und Platz für den Sommerhonig zu schaffen. Der Zeitpunkt der Schleuderung wird durch den Reifegrad des Honigs bestimmt. Die moderne Technik hat uns mit dem Refraktometer ein Gerät beschert, mit dem wir den Wassergehalt des Honigs genau ermitteln können. Wir verlassen uns hierbei auf die Bienen, die schon einige Millionen Jahre auf dieser Erde leben und ein sehr feines Gespür für die Reife des Honigs entwickelt haben. **Sind die Honigwaben zu ⅔ verdeckelt, ist der Honig reif für die Schleuderung**.

Bevor die Waben geschleudert werden, müssen sie den Zargen entnommen werden. Gerade bei der **Entnahme der Honigwaben** werden oft von den Imkern gravierende Fehler gemacht, in dem wie bei Hinterbehandlungsbeuten die Waben einzeln entnommen und die Bienen abgefegt oder abgestoßen werden. Das Ergebnis, besonders bei der Bergung der Sommer- und Spätsommertracht, ist eine starke Unruhe der zu bearbeiteten Bienenvölker. Es erscheinen als Vorboten Näscher und binnen kurzer Zeit ist die schönste Räuberei ausgebrochen. Die Entnahme der Honigwaben erfordert bei den freistehenden Magazinen eine völlig andere Technologie. Nach mehreren fehlgeschlagenen Versuchen mit Duftstoffen, z.B. Karbol und Abkehrtrichtern, können wir nur den **Einsatz von Bienenfluchten** empfehlen. Das hier vorgestellte Magazin enthält deshalb im Innendeckel ein entsprechendes Bohrloch, in dem eine Lega-Bienenflucht eingesetzt werden kann.

Abbildung 10:

Lega-Bienenflucht im Innendeckel

Doch ist auch der Einsatz anderer Bienenfluchten möglich. Das Prinzip hierbei ist folgendes: Der mit der Bienenflucht ausgestattete Innendeckel wird zwischen den unteren Brutraum- und den oberen Honigraumzargen gelegt und unterbricht so den Durchgang zwischen diesen Zargen. Nach ca. 2 Stunden macht sich bei den Bienen in den Honigraumzargen ein Mangel an Pheromon der Weisel bemerkbar. Sie werden unruhig und suchen einen Weg zu dem Volksteil mit der Weisel. Dieser Weg führt durch die Bienenflucht, die ihnen aber den Rückweg abschneidet. So wandern die Bienen allmählich in die unteren Zargen, während die oberen Zargen nach einer bestimmten Zeit bienenleer sind und ohne Belästigung durch die Bienen abgenommen und abtransportiert werden können. Während zum Zeitpunkt der Ernte des Honigs der Frühtracht nur 24 Stunden erforderlich sind, um die Honigraumzargen bienenleer zu bekommen, muss bei der Ernte der Sommer- oder Spätsommertracht mit 36 Stunden gerechnet werden.
Es ist wichtig, dass sofort nach dem Abschleudern den Völkern eine Zarge mit 10 ausgebauten Waben über ein Absperrgitter aufgesetzt wird. Da jetzt die Futterglocke über den Brutwaben fehlt, würde die Weisel in diese Zarge vordringen und die honigfeuchten Waben bestiften. Erst wenn die Hälfte der Waben dieser Zarge mit Honig gefüllt sind, kann das Absperrgitter entnommen werden, um den Bienen den Durchgang zu erleichtern. Das weitere Vorgehen und Schleudern erfolgt in der gleichen Weise wie bereits bei der Frühtracht beschrieben wurde.
In vielen Gegenden Mitteleuropas endet die Tracht im Sommer, so dass wir bei der weiteren Behandlung der Völker **zwischen Gegenden mit und solchen ohne Spätsommertracht** unterscheiden müssen. In **Gegenden ohne Spätsommertracht** muss die Weisel gereizt werden, um nach der letzten Schleuderung noch einmal kräftig in Eiablage zu gehen. Zu diesem Zweck wird sofort nach der letzen Schleuderung Ende Juli eine Zarge mit 10 ausgebauten, unbebrüteten und nach Möglichkeit honigfeuchten Waben als dritte Zarge aufgesetzt. Gleichzeitig wird jedem Volk zum Anreiz 3 bis 5 Liter Zuckerlösung im Verhältnis 1:1 verab-

reicht. Wir sind in den letzten Jahren dazu übergegangen, **fertige Zuckerlösungen der Firmen Südzucker (Api-Invert) oder Nordzucker (Ambrosia)** einzusetzen und ersparen uns das Ansetzen der Zuckerlösung. Ein weiterer Vorteil ist, dass die Firmen die Zuckerlösung in 15-Liter-Plastikeimern mit einem durchlöcherten Deckel liefern, so dass der Einsatz von speziellen Fütterungseinrichtungen entfällt. Der mit 3 bis 5 Liter gefüllte Eimer wird nun mit dem Deckel nach unten auf die Rähmchenoberträger der dritten Zarge aufgesetzt, so dass die Bienen die austretenden Tropfen abnehmen können. Nach außen wird der Eimer durch eine Leerzarge, dem Innen- und Außendeckel geschützt.

Innerhalb von 3 Tagen haben die Bienen die Zuckerlösung aufgenommen und die Weisel ist erneut in Eiablage gegangen, wobei sie die obere Zarge mit einbezieht. Nun werden die leeren Eimer entnommen und an ihre Stelle ein Block von 15 kg Futterteig der Firmen Süd- oder Nordzucker auf die Oberträger der Rähmchen in der Leerzarge aufgelegt. Dieser Futterblock wird in den nächsten 4 Wochen von den Bienen abgetragen und als **Winterfutter** eingelagert. Hierbei wird die dritte Zarge voll in das Volk integriert und zum Teil sogar bebrütet. Auf diese Weise realisieren wir die **erforderliche Bauerneuerung**. Unsere Bienenvölker haben zu diesem Zeitpunkt folgendes Aussehen:

3. Zarge: diesjährige unbebrütete Waben
2. Zarge: vorjährige bebrütete Waben
1. Zarge: vorvorjährige bebrütete Waben und Baurahmen.

Die Völker ziehen sich im Laufe des August und September in die dritte und zweite Zarge zurück, während die erste Zarge nur noch als Durchgangszarge dient. Sie wird Ende September entnommen, so dass die Völker nun mit 2 Zargen in den Winter gehen. Auf diese Weise werden jährlich im Brutbereich 10 unbebrütete Waben eingefügt und gleichzeitig als hygienische Maßnahme (siehe Kapital 6) zehn 2 Jahre alte Brutwaben entnommen.

Am 1.September führen wir eine **Kontrolle der Wintervorräte** der Völker durch, in dem wir die Völker mit einer Federwaage wiegen. Das tatsächliche Gewicht wird mit einem von uns ermittelten Sollgewicht verglichen, so dass sofort das noch fehlende Winterfutter ermittelt und in Form von fertiger Zuckerlösung wie beschrieben verabreicht werden kann. Das **Sollgewicht** wird wie folgt berechnet: Wir gehen davon aus, dass bei einer Zweizargenüberwinterung 18 kg Futter erforderlich sind. Weiter setzen wir an, dass zu diesem Zeitpunkt noch 2,5 kg Bienen und 2,7 kg bestehend aus Bienenbrut, Pollen und Verdeckelungswachs, genannt das Restgewicht, im Volk vorhanden sind. Da zu diesem Zeitpunkt die Völker noch 3 Zargen besitzen, ist das Gewicht von 3 Zargen und 30 bebrüteten Waben plus Boden, Innen- und Außendeckel zu ermitteln. Das **Sollgewicht** setzt sich somit aus dem **Leergewicht eines 3 Zargenmagazins plus 30 Brutwaben, dem Gewicht von 18 kg Winterfutter und dem Gewicht der Bienen und dem Restgewicht von 2,7 kg zusammen**. Dieses Sollgewicht muss ein auf 3 Zargen sitzendes Bienenvolk am 1.September besitzen, um sicher durch den Winter zu kommen.

Wird bei dem Vergleich zwischen dem tatsächlichen Gewicht mit dem Sollgewicht festgestellt, dass letzteres noch nicht erreicht ist, so wird die Differenz am besten mit einer fertigen Zuckerlösung ausgeglichen. Hierbei ist zu beachten, dass bei der Aufnahme und Verarbeitung der Zuckerlösung ein Verlust von ca. 20 % entsteht. Deshalb muss, wie das nachstehende Beispiel zeigt, die festgestellte Gewichtsdifferenz um 20 % aufgestockt werden.

Beispiel:

Sollgewicht:	48 kg
Ist-Gewicht:	46 kg
Differenz	2 kg

erforderliche Zuckerlösung = Differenz + 20 %

erforderliche Zuckerlösung = 2 kg + 0,4 kg = 2,4 kg

In bestimmten Gegenden kann es vorkommen, dass eine Läppertracht im August dazu führt, dass die Völker das Sollgewicht überschreiten.

Wird das Sollgewicht nur um Mengen bis zu 3 kg überschritten, sind keine Regulierungsmaßnahmen erforderlich. Eine Überschreitung bis zu 3 kg bewirkt im Bienenvolk keine Platznot. Erst bei einer höheren Überschreitung sollten 1 bis 2 Futterwaben aus der oberen Zarge entnommen und durch Leerwaben ersetzt werden.

In Gegenden mit Spätsommertracht, z.B. Heide, kann die Kontrolle der Wintervorräte erst nach dem Abschleudern Anfang September vorgenommen werden. Außerdem entfällt eine Reizfütterung, da diese durch die Spätsommertracht gegeben ist. Deshalb dient der Vergleich mit dem Sollgewicht allein dem Zweck der Ergänzung der Wintervorräte. Dabei ist zu beachten, dass 18 kg Winterfutter im Volk vorhanden sein müssen. Auch hier ist es erforderlich, dass die festgestellte Gewichtsdifferenz um 20 % aufgestockt werden muss, da beim Eintragen des Winterfutters ein Vorlust von ca. 20 % eintritt.

Beispiel:

Sollgewicht	48 kg
Ist-Gewicht	40 kg
Differenz	8 kg

erforderliche Zuckerlösung = Differenz + 20 %

erforderliche Zuckerlösung = 8 kg + 1,6 kg = 9,6 kg

Da im September die Temperaturen stärker absinken, muss die Einfütterung sofort nach dem Abschleudern erfolgen und zügig beendet werden. Deshalb empfehlen wir, auf Zuckerlösungen zu verzichten und mit invertierten Lösungen wie Api-Invert von Südzucker oder Ambrosia von Nordzucker zu arbeiten. Einmal werden die Lösungen von den Bienen sehr zügig aufgenommen und zum Anderen werden die Bienen nicht mehr mit dem Invertieren belastet.

Bei dieser späten Einfütterung kann es passieren, dass die Bienen das invertierte Futter nicht mehr abnehmen wollen. Sie kitten die Löcher in dem Futterdeckel zu. Deshalb empfehlen wir, die Eimer ohne Deckel mit dem Boden auf die oberen Wabenschenkel zu stellen. Um ein Ertrinken der Bienen im Futtersirup zu vermeiden, sind ein paar Hände voll Korken oder Kiefernborke als Schwimmer auf das Futter zu legen. Die Bienen tragen so in kürzester Zeit das Futter ein und lecken den Eimer trocken.

Nach der Auffütterung und der Entnahme der untersten Zarge, hat der Imker seine Arbeit für dieses Jahr getan. Er hat jetzt für Ruhe auf seinem Bienestand zu sorgen und sich davon in 8 bis 14-tägigen Kontrollgängen zu überzeugen.

3.2.2 Einzargenüberwinterung

Die Einzargenüberwinterung entstand in Mitteleuropa, als die Imker von der Hinterbehandlungsweise zur Magazinbetriebsweise übergingen und mangels Erfahrung Verfahren der Hinterbehandlungsweise auf die Magazine übertrugen. Sie hat sich im Laufe der Entwicklungszeit vorrangig in Gegenden gehalten, die kaum eine Frühtracht besitzen. Starke Völker der Zweizargenüberwinterung würden in diesem Fall, gereizt durch die Läppertracht, sehr schnell in Schwarmstimmung kommen, was eine Schmälerung der Sommertracht bedeuten würde. Die schwächeren Völker der Einzargenüberwinterung erstarken dagegen in den Monaten April/Mai soweit, dass sie die Sommertracht voll nutzen können, ohne dass der Schwarmtrieb zu diesem Zeitpunkt ausbricht.

Wenn auch einige Eingriffe für die Einzargenüberwinterung spezifisch sind, ist jedoch der Grundkonsens der Eingriffe zwischen Ein- und Zweizargenvölker gleich. So wird auch hier **am Tage des Reinigungsfluges bzw. in den nächsten Wochen** mit Hilfe der **Fluglochbeobachtung** die Weiselrichtigkeit der Völker festgestellt. Gleichzeitig wird der **Baurahmen** in der Form eingestellt, dass eine leere Backenwabe entnommen wird. Auch hier wird auf eine Frühjahrshauptnachschau verzichtet. Zu empfehlen ist dagegen, ein **Gleichmachen der Völker** je nach Witterung im Zeitraum von Ende März bis Anfang April. ADAM KEHRLE, bekannt unter dem Namen ‚Bruder Adam' (1969), der in einem typischen Sommer- und Spätsommertrachtgebiet der Bukfast-Abtei in England imkerte, führte dazu aus: „Die Gleichmachung der Völker Ende März betrachte ich als eine der wichtigsten Maßnahmen unserer Betriebsweise. Ihre Vorteile sind vielseitig, betriebstechnisch und wirtschaftlich. Sie erlaubt uns, in der nachfolgenden Entwicklungsperiode jeden Stand weitgehend als eine Einheit zu behandeln. Wenn z.B. dieses oder jenes Volk mehr Raum benötigt, so ist dies auch bei jedem anderen Volk der Fall. Diese Gleichheit vereinfacht die Bedienung eines jeden Standes ungemein. Nichts bedingt im Großbetrieb mehr Arbeit und Zeitverlust, als unter- und überdurchschnittliche Völker während der Entwicklungsperiode vor der Haupttracht. Die schwachen Völker, auf sich angewiesen,,,, erlangen gewöhnlich nie die Stärke bis zur Haupttracht. Oft entwickeln sie sich erst auf Kosten der Ernteergebnisse. Dagegen vergeuden die überstarken Völker ihre Kraft oft in eitler Schwärmerei."

Zur praktischen Durchführung des Gleichmachens sollte der Imker seine Völker in 3 Kategorien einteilen:

1. überdurchschnittliche Völker,
2. durchschnittliche Völker und
3. unterdurchschnittliche Völker.

Beim Gleichmachen wird einfach der Standplatz der Völker der Kategorie 1 gegen den des der Kategorie 3 vertauscht.

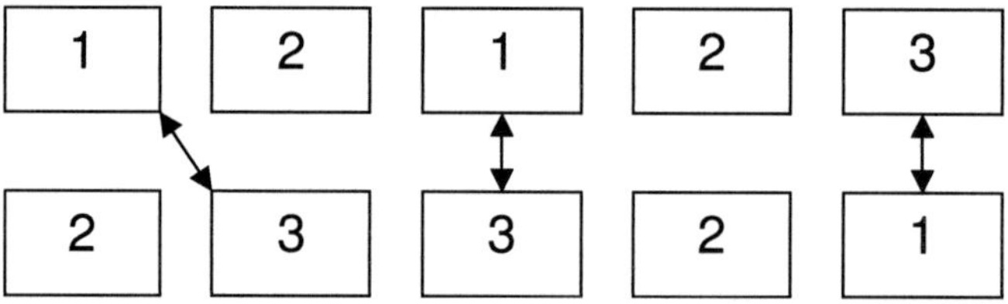

Abbildung 11:
Schema zum Gleichmachen der Völker

Die Völker der Kategorie 1 verlieren den größten Teil ihrer Flugbienen und erhalten dafür den geringen Teil der Flugbienen der Völker der Kategorie 3, was sich in Form eines Entwicklungsstopps auswirkt. Die Völker der Kategorie 3 erhalten einen stärkeren Zugang an Flugbienen und können so den Anschluss an die Völker der Kategorie 2 finden.

Das **Aufsetzen der zweiten Zarge** erfolgt zu einem Zeitpunkt, wenn das Volk alle Wabengassen belagert, den Baurahmen ausgebaut hat und stark nach unten durchhängt. Die zweite Zarge wird mit 3 ausgebauten unbebrüteten Waben und 7 Mittelwänden ausgestattet und über das **Absperrgitter** auf die untere Zarge aufgesetzt. Wichtig ist, dass bei dieser Betriebsweise mit dem Absperrgitter gearbeitet wird, da sonst die Weisel in die zweite Zarge vorstößt und hier einige Waben bestiftet.

Vom Zeitpunkt des Aufsetzens der zweiten Zarge muss auch bei dieser Betriebsweise eine wöchentliche **Schwarmkontrolle** erfolgen. Zu diesem Zweck wird wie bei der Zweizargenüberwinterung die untere Zarge angekippt und im unteren Teil der Wabengassen nach Weiselnäpfen gesucht werden. Die Einschätzung der Schwarmstimmung wurde im Kapitel 3.2.1 (Zweizargenüberwinterung; siehe dort) genau beschrieben.

Ist der **Schwarmtrieb** ausgebrochen, sind entsprechende **schwarmverhindernde Maßnahmen**, wie sie im Kapitel 4 beschrieben sind, einzuleiten.

Nach dem Einsetzen der Sommertracht erlischt in der Regel der Schwarmtrieb. Das Bergen der Nektartracht steht jetzt im Vordergrund des Volkes. Je nach Stärke der Tracht, **kann es erforderlich werden, eine dritte Zarge** aufzusetzen. Dies sollte schon geschehen, wenn die zweite Zarge gut zur Hälfte mit Honig gefüllt ist. Die dritte Zarge wird mit 5 unbebrüteten Waben und mit 5 Mittelwänden ausgestattet und auf die zweite Zarge aufgesetzt. Gegen Ende der Tracht ist es zu empfehlen, die zweite und dritte Zarge gegeneinander zu vertauschen. Da das Volk bestrebt ist, das Brutnest bis an die Futterglocke auszudehnen, werden die freien Zellen der Waben der ehemals dritten Zarge sehr schnell mit Honig gefüllt. Bliebe die dritte Zarge an ihrem alten Platz wäre der Anreiz, die leeren Zellen mit Honig zu füllen, erheblich geringer, was einem Ernteverlust gleichkommt.

Die **Entnahme der Honigwaben** erfolgt auch hier mit Hilfe von **Bienenfluchten**, deren Handhabung im Kapitel 3.2.1. ausführlich beschrieben wurde. Nach dem Schleudern wird jedem Volk eine Zarge mit 10 ausgebauten unbebrüteten Waben über dem Absperrgitter zurückgegeben. Auf den Einsatz von Mittelwänden wird jetzt verzichtet, da nach dem 21.Juni der Bautrieb stark nachlässt.

Die **Bauerneuerung** in der Brutraumzarge gestaltet sich bei dieser Betriebsweise etwas arbeitsaufwendiger, da im Gegensatz zur Zweizargenüberwinterung nicht mit ganzen Zargen gearbeitet werden kann. Praktisch geht man folgendermaßen vor:

Gut 3 Wochen vor der letzten Schleuderung werden 5 Brutwaben einschließlich des Baurahmens aus der Mitte der Brutraumzarge entnommen und über das Absperrgitter in die zweite Zarge versetzt. Die restlichen Waben in der Brutraumzarge werden zur Mitte zusammengerückt und die Fehlstellen an den Seiten mit 5 unbebrüteten Waben aufgefüllt. Um zu verhindern, dass die Weisel über das Absperrgitter gelangt, werden die Bienen von den zu versetzenden Waben in die untere Zarge abgestoßen. In den nächsten 3 Wochen schlüpft die Brut über dem Absperrgitter, so dass zum Zeitpunkt der Schleuderung wieder mit Bienenfluchten gearbeitet werden kann.

Bei der **Einfütterung** ist zu unterscheiden, ob eine Spätsommertracht oder nur eine Sommertracht genutzt wurde. Bei **Nutzung einer Spätsommertracht, wie z.B. die Heide**, entfällt die Herbstreizfütterung, da die Völker zu diesem Zeitpunkt noch in der Tracht stehen. Der Imker sollte jedoch dafür sorgen, dass die Völker am 10.September auf den Heimatstand kommen. Danach muss sofort mit der Schleuderung begonnen werden, um das Winterfutter reichen zu können. War die Heidetracht gut, so dass die Backenwaben in der Brutraumzarge mit Honig gefüllt sind, werden die Völker mit 7,5 kg Zucker eingefüttert. War die letzte Tracht mäßig, so müssen 9 kg pro Volk gegeben werden. Wichtig ist, dass die Einfütterung mit invertiertem Sirup, wie Api-Invert oder Ambrosia, erfolgt, da durch sie die Bienen nicht mehr mit der Invertie-

rung des Zuckers belastet werden. Bei dieser späten Einfütterung kann es passieren, dass die Bienen das invertierte Futter nicht mehr abnehmen wollen und sie die Löcher im Futterdeckel zukitten. Deshalb empfehlen wir auch bei der Einzargenüberwinterung, die Eimer ohne Deckel mit dem Boden auf die oberen Wabenschenkel zu stellen und damit die Bienen im Futtersirup nicht ertrinken, ein paar Hände voll Korken oder Kiefernborke als Schwimmer auf das Futter zu legen.
Wurde keine Spätsommertracht angewandert, muss nach dem Abschleudern Ende Juli eine Art Reizfütterung erfolgen. Unmittelbar nach dem Abschleudern wird dem Volk eine Reizfütterung von 3 Liter invertierter Zuckerlösung verabreicht, die das Volk in 3 Tagen aufgenommen hat. Danach wird dem Volk in einer Leerzarge oben auf den Rähmchenträgern ein Futterblock von 7,5 kg der Firmen Nord- oder Südzucker gegeben. Dieser Futterteig wird bis Ende August abgetragen, so dass die Völker am 1.September gewogen werden können. Bei der Ermittlung der Sollgewichte ist darauf zu achten, dass die Völker mit 9 kg Futter in den Winter gehen müssen. Ist diese Menge am 1.September noch nicht erreicht, muss mit invertiertem Futter, wie im Kapitel 3.2.1. beschrieben, nachgefüttert werden.
Oft wird von Anfängern die Befürchtung geäußert, dass die Bienenfülle im September nicht in einer Zarge untergebracht werden kann. Diese Sorge ist überflüssig, da die Spätsommertracht, insbesondere aber die Heidetracht, mit einem starken Verschleiß an Flugbienen verbunden ist. **Du gehst mit einem Volk in die Heide und kommst mit einem anderen zurück, stellten schon unsere Altvorderen fest** [OTTO 1953].
Auch Bruder ADAM (1969) rät nur mit starken Völkern in die Heide zu wandern, da schwächere Völker bereits am 20.August so verschlissen sind, dass sie danach kaum noch Heidehonig bergen können.
Etwas anders verhält es sich, wenn im **August eine Sommertracht, wie Rotklee, Buchweizen oder Sonnenblume, angewandert wird**. Diese Trachten verschleißen nicht in dem Maß die Trachtbienen wie die Heide, so dass die Völker Anfang September noch relativ bienenreich

sind. Doch lasse man sich nicht täuschen, denn der Bienenreichtum wird durch den hohen Anteil an Flugbienen gebildet, die das nächste Jahr nicht erleben. Deshalb wird die Auffütterung in der gleichen Art und Weise vorgenommen, wie sie bei den Völkern aus der Spätsommertracht beschrieben wurde. Um zu vermeiden, dass sich Bienenbärte an den Fluglöchern bilden, empfehlen wir bei dieser Betriebsweise mit hohen Böden zu arbeiten. Die Flugbienen können dann als Traube im hohen Boden hängen und bei der Einlagerung des Winterfutters helfen. Sie sterben in der Regel bis Ende September/Anfang Oktober ab, so dass sich der kleine Unterschied zwischen den Sommer– und Spätsommertrachtvölker wieder verwischt.

3.3 Betriebsweisen mit Langstroth- und Zanderflachzargen

Ähnlich wie GERSTUNG in Deutschland entwickelte DADANT in Nordamerika einen Bienenstock mit Großwaben in Brut- und flachen Waben im Honigraum. Aus diesen Flachwaben der Dadant-Beute entwickelte FARRAR (1931, 1968) den Langstroth-Flachwabenstock. In seinen Untersuchungen stellte er fest, dass die Idealhöhe des flachen Rähmchens bei 160 mm angesetzt werden muss. In dieser Höhe werden die Waben noch gut von der Weisel zum Bestiften angenommen und gleichzeitig wird eine deutliche Gewichtsreduzierung bei einer mit Honig gefüllten Zarge erreicht. Wird die Höhe des Rähmchens von 160 mm deutlich unterschritten, wirkt sich dies negativ auf die Brutnestentwicklung aus, da diese durch die steigende Zahl der Rähmchenleisten stärker zerschnitten wird. Als wirkliche Verbesserung kann:

1. die bessere Anpassung an die jeweiligen Trachtverhältnisse und
2. die Gewichtsreduzierung der Honigraumzargen angesehen werden.

Diesen Vorteilen steht ein höherer Arbeitsaufwand bei der Bearbeitung gegenüber. Von Nordamerika aus hat sich die Flachzargenbetriebsweise auch nach Mitteleuropa ausgebreitet, wo sie besonders von BRETSCHKO (1985) propagiert wurde. Trotzdem sind hier die Erfahrungen mit diesem Betriebssystem noch relativ gering, wobei zu bemerken ist, dass uns negative Erfahrungen nicht bekannt sind.

Auch mit dem kompatiblen Magazin von KIEß (1998) kann die Langstroth- und Zanderflachwabe eingesetzt werden. Beide Flachzargen haben eine Höhe von 168 mm, während die Rähmchenhöhe bei 159 mm ganz dicht neben der Idealhöhe von 160 mm liegt (siehe Kapitel 1.2.4). Wichtig ist, dass die Rähmchenoberträger in einer Breite von 27 mm und einer Stärke von 19 mm ausgeführt werden, um ein Verbauen der einzelnen Zargen zu verhindern.

Die Überwinterung der Völker erfolgt auf 3 Zargen (siehe Abb. 12).

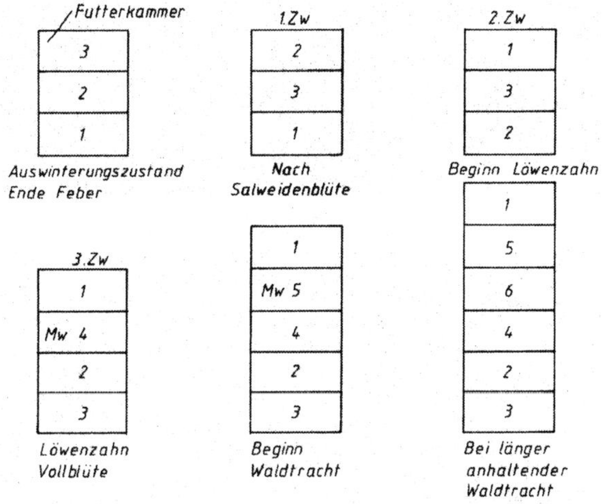

Abbildung 12:

Aufbau der Flachzargenvölker nach BRETSCHKO (1988)

Schon sehr früh, unmittelbar nach der Salweidenblüte, erfolgt der erste Zargentausch, wobei die dritte Zarge (obere Zarge) gegen die zweite Zarge vertauscht wird (siehe Abb. 12). Gleichzeitig wird in der untersten Zarge eine Leerwabe entnommen und an ihrer Stelle ein Baurahmen eingesetzt. Nach Untersuchungen von FARRAR wird die meiste Brut in der zweiten Zarge gebildet, während die Menge an Futter in der dritten

Zarge abgelegt wurde. Das Volk ist jetzt gezwungen, das Futter umzutragen und das Brutnest in der mittleren Zarge aufzufüllen. Ungefähr 4 Wochen später, zu Beginn der Löwenzahnblüte, erfolgt der nächste Zargentausch, in dem die erste Zarge (untere Zarge) oben aufgesetzt wird. Hier schlüpft die letzte Brut, so dass diese Zarge zur Honigraumzarge umfunktioniert wird. Zum Zeitpunkt des Beginns der Rapsblüte, beziehungsweise zur Vollblüte des Löwenzahns, wird eine vierte Zarge, bestehend aus Mittelwänden zwischen der oberen und zweiten Zarge gegeben, die den Bautrieb des Volkes befriedigen hilft (siehe Abb. 12). Da der Baurahmen hierbei in die oberste Zarge gewandert ist, empfiehlt es sich, in einem der beiden unteren Zargen einen weiteren Baurahmen einzusetzen.

Nach Beendigung der Frühtracht werden die in der Abb. 12 als Zarge 1 und 4 bezeichneten Zargen abgeschleudert. Da sich hier keine Brut befindet, kann mit Bienenfluchten, wie im Kapitel 3.2.1 beschrieben, gearbeitet werden. Beide Zargen kommen nach dem Schleudern wieder an die alte Stelle. Die alte Stelle 1 steht an vierter Stelle, während die Zarge 4 mit den ausgebauten Mittelwänden an dritter Stelle zu stehen kommt (Abb. 12).

Die Zarge 4 mit den ausgebauten, honigfeuchten Waben wird umgehend von der Weisel bestiftet und in das Brutnest einbezogen. Auf diese Weise wird die Bauerneuerung gelöst, da die Zarge 1 (Abb. 12) als Honigraumzarge verbleibt und im Herbst ausgeschnitten werden kann.

Kurz vor Beginn der Sommertracht wird eine weitere Zarge mit Mittelwänden (Zarge 5) an die vierte Stelle gesetzt (siehe Abb. 12). Nach BRETSCHKO (1985) wird auch zu diesem Zeitpunkt auf das Einlegen eines Absperrgitters verzichtet. Ob dies bei allen Trachtverhältnissen möglich ist, kann zurzeit nicht mit Sicherheit gesagt werden. Wir kennen 2 Imker, die jetzt über die in der Abb. 12 als Zarge 4 bezeichnete Zarge, ein Absperrgitter einlegen. Sie befürchten, dass sich bei einer schlechten Sommertracht das Brutnest in die oberen Zargen verlagert, was bei

einer Herrichtung des Wintersitzes zu einer nicht unerheblichen Mehrarbeit führt.
Haben wir eine länger anhaltende Sommer- oder gar Spätsommertracht wird die Gabe von weiteren Zargen mit ausgebauten Waben erforderlich (Abb. 12). So wird das Magazin den Trachtverhältnissen angepasst. Es besteht hierbei die Möglichkeit, auch Sortenhonige zu ernten. Endet z.B. die Robinientracht und setzt danach die Lindentracht ein, werden die Zargen mit den verdeckelten Robinienhonigwaben abgeschleudert, ohne dass die Völker besonders beunruhigt werden. Zu diesem Zweck werden die Zargen mit Robinienhonig entnommen und als oberste Zargen aufgesetzt. Zwischen den Zargen mit Robinienhonig und denen mit frisch eingetragenem Lindenhonig wird eine Bienenflucht gelegt, so dass nach 2 Tagen die bienenleeren Zargen mit Robinienhonig zur Schleuderung entnommen werden können. Nach Ausführungen von BRETSCHKO (1985) hat der vorgeschlagenen Zargentausch eine gewisse schwarmverhindernde Wirkung. Er räumt aber ein, dass ein zu spät erfolgter Zargentausch unweigerlich den Schwarmtrieb auslöst. Wir müssen daher davon ausgehen, dass dann schwarmverhindernde Maßnahmen erforderlich werden. In diesem Fall verweisen wir auf die im Kapitel 4. vorgeschlagenen Maßnahmen.
Nach dem Ende der Sommer- und Spätsommertracht, unmittelbar nach dem Abschleudern, müssen die Völker für die Überwinterung vorbereitet werden. Überwintert werden die Völker auf den drei unteren Zargen. Hier ist so vorzugehen, wie die Einfütterung im Kapitel 3.2.1 ausführlich beschrieben wurde. Nach Erfahrungen von BRETSCHKO (1985) muss der Futtervorrat eines Volkes 25 kg betragen, was uns zu hoch erscheint. Nach unseren Kalkulationen müsste ein Futtervorrat am 1.September von 18 kg genügen. Wir empfehlen der Einfachheit wegen auch bei den Flachzargenstöcken, wie im Kapitel 3.2.1 beschrieben, durch Wiegen das Sollgewicht zu ermitteln. So ist dies durch einfaches Wiegen schnell zu ermitteln, welche Menge an Zuckerlösung noch zuzufüttern ist.

Zusammenfassend ist zur Betriebsweise mit Flachzargen zu bemerken, dass sich mit ihr neue Möglichkeiten der Bearbeitung, der Ernteerleichterung und der Gewinnung von Sortenhonigen eröffnen. Dennoch zeigen unsere Ausführungen, dass es uns in Deutschland noch an Erfahrungen mit dieser Betriebsweise fehlt. So besteht die Unsicherheit über den Ort, wo am zweckmäßigsten der Baurahmen eingesetzt werden sollte. Ein weiterer neuralgischer Punkt sind die unterschiedlichen Ansichten über den Einsatz des Absperrgitters. Auch sind noch nicht alle Fragen der Schwarmverhinderung und Völkervermehrung geklärt. Es wäre jedoch völlig falsch, aus diesen Gründen diese Betriebsweise zu verwerfen. Klarheit können wir nur bekommen, in dem wir uns intensiver mit dieser Betriebsweise befassen.

3.4 Betriebsweisen mit Langstroth- und Zanderganzwaben in Mischung mit Flachzargen

Diese Art der Betriebsweise mit zwei verschiedenen Rähmchenmaßen wird selten gewählt und bietet bei den Imkern immer wieder kontroversen Diskussionsstoff. Viele Imker vertreten zu Recht die Meinung, dass wir bei uns in Mitteleuropa alle Trachten mit Flachzargen oder fast alle Trachten mit Langstroth- oder Zanderganzwaben bergen können und ein Rähmchengemisch nur zu einem höheren Arbeitsaufwand führen muss. Dennoch mussten wir uns überzeugen, dass es Trachtsituationen gibt, die einen zumindest zeitweisen Einsatz von gemischten Rähmchen vorteilhaft erscheinen lassen. So wanderten wir früher regelmäßig von Eberswalde in das „Werdersche Obstbaugebiet" bei Potsdam. Letzteres ist klimatisch begünstigt, so dass hier die Apfelblüte ca. 1 Woche vor der in Eberswalde beginnt. Unsere Völker belagerten zum Zeitpunkt des Anwanderns 2 Zargen mit 20 Normalmaßwaben. Unmittelbar danach wurde die dritte Zarge mit 3 ausgebauten Waben und 7 Mittelwänden über dem Absperrgitter aufgesetzt. Da die Obstbaubetriebe keinen Wert auf eine Bestäubung der Früh- und Nachblüher legten, war unser Aufenthalt im Obst, vorwiegend Apfel, streng auf 10 Tage begrenzt, so dass wir nach diesem Zeitraum in das kühle Oderbruch abwanderten, wo jetzt erst der Raps zu blühen begann. In den 10 Tagen schafften es die noch nicht voll erstarkten Völker maximal 3 bis 4 Normalmaßwaben mit Honig zu füllen. In ungünstigen Jahren war der Erfolg gleich Null, was uns nicht verdross, da die Obstbaubetriebe eine hohe Bestäubungsprämie zahlten und 50 % der Wanderkosten trugen. Sollte der Obstblütenhonig geschleudert werden, mussten vor dem Abwandern die Waben einzeln aus der dritten Zarge entnommen, abgefegt und geschleudert werden, was sehr zeitaufwendig war. Deshalb begannen wir zusätzlich mit Flachzargen zu experimentieren, die besser von den Bienen angenommen wurden, besonders wenn sie mit ausgebauten Waben bestückt waren. Jetzt konnte wieder mit vollständigen Zargen hantiert und Vorteile wie die Bienenflucht genutzt werden, was sich zumindest in Form von Einsparungen an Arbeitszeit niederschlug. Im Raps wurde den Völkern dann die dritte Ganzzarge mit 3 ausgebauten Waben und 7 Mittelwänden aufgesetzt und die Völker so geführt, wie es bei der Zweizargenüberwinterung (Kapitel 3.2.1) beschrieben wurde. Wie das Beispiel zeigt, können durchaus Trachtverhältnisse auftreten, wo der Imker bestrebt ist, ganz spezielle Sortenhonige zu erzeugen. In diesem Fall ist der Einsatz von Flachzargen als Honigraumzargen durchaus sinnvoll. Hier muss der Imker seine ganz spezielle Betriebsweise selbst finden. An dieser Stelle können daher nur soweit Hinweise gegeben werden, dass sich die Betriebsweisen auf eine Ein- oder Zweizargenüberwinterung reduzieren lassen. Er muss daher seine Überlegungen von den in den Kapiteln 3.2.1 und 3.2.2 beschriebenen Betriebsweisen ableiten.

3.5 Betriebsweisen mit der zehnrahmigen Dadant-Zarge

Mit der Einführung der Buckfast-Biene fand auch in Mitteleuropa das Dadantmaß eine stärkere Verbreitung, da der Urzüchter der Buckfast-Biene, Bruder ADAM (1969), ausschließlich mit Dadantwaben (46 x 27 cm) imkerte. Das Maß geht auf den amerikanischen Bienenforscher Charles DADANT zurück, der auch ein entsprechendes Magazin entwarf, bei dem

10 Dadantganzwaben als Brutraumzarge und 10 Halbzargen als Honigraumzargen Verwendung finden. Später wurde das ursprüngliche Dadantmaß noch einmal verändert in 43,5 x 30 cm (Dadant-Blatt-Maß), um die Zargen mit denen des Langstrothmagazins kompatibel zu gestalten. So wird heute in Nordamerika vielfach mit einer zehnrahmigen Dadant-Blatt-Zarge als Brutraum und mit Langstrothzargen bzw. Flachzargen als Honigraum geimkert. Als Vorteil wird allgemein angegeben, dass die Frühjahrsentwicklung der Völker auf den großen Waben zügiger verlaufe. Eine Feststellung, die der deutsche Bienenforscher GERSTUNG bereits vor 100 Jahren traf.
Wie bereits ausgeführt, kam das Dadantmaß mit der Buckfast-Biene nach Mitteleuropa und es vertraten einige Buckfast-Imker die These, dass ein optimales Imkern nur mit dem Dadantmaß möglich ist. Dieser These möchten wir aus eigener Anschauung entgegentreten, da sich auf unserem Stand die Buckfast-Völker bei der Zweizargenüberwinterung mit Langstrothwaben genauso optimal entwickeln. Ein weiterer Denkfehler ist es, wenn nur das Wabenmaß betrachtet wird. Entscheidend ist jedoch die Gesamtbrutfläche in der Zarge. Hier wird meist übersehen, dass der Urzüchter der Buckfast-Biene, Bruder ADAM (1969), mit dem ursprünglichen Wabenmaß (46 x 27 cm) und einem zwölfrahmigen Brutraum arbeitete. Weiter ist zu bedenken, dass seine Haupttrachten in England der Weißklee (Trifolium repens) und Heide (Calluna vulgaris) waren. Er selbst führt dazu wörtlich aus: „Selbstverständlich ist mir bewußt, dass ein Brutkasten, wie er von uns verwendet wird, nicht in jede Gegend paßt, insbesondere in jene nicht, wo eine Frühtracht die einzige Honigernte ergibt.“ (Bruder ADAM 1969). Wir sind daher der Meinung, dass der Einsatz einer zehnrahmigen Zarge mit Waben im Dadant-Blatt-Maß bei uns genau wie in Nordamerika möglich sein muss. Deshalb werden die bisherigen Erkenntnisse dargestellt, wenn auch die Erfahrung mit dieser Betriebsweise noch relativ jung ist.

Unmittelbar nach dem **Reinigungsflug** wird durch die **Flugloch-beobachtung** festgestellt, ob das Volk weiselrichtig ist. **Gleichzeitig**

werden alle nicht belagerten Waben entnommen und durch Mittelwände und einen Baurahmen ersetzt. Da wir unterschiedlich alte Waben im Brutraum haben, ist es zweckmäßig, diese mit bunten Reißzwecken zu zeichnen. Dabei sollte mit den 5 Jahresfarben der Weisel gearbeitet werden, so dass immer ein Überblick über das Alter der Brutwaben vorhanden ist.

Bis zur Stachelbeerblüte bleiben dann die Völker sich selbst überlassen. Danach wird wöchentlich überprüft, ob die Bienen nach unten durchhängen. Ist dies der Fall wird eine Zarge mit 3 halbhohen ausgebauten Waben und 7 Mittelwänden über dem Absperrgitter aufgesetzt. An Stelle der halbhohen Dadantwaben kann auch mit ⅔ Langstrothwaben gearbeitet werden. Letzteres ist zu empfehlen, um das in Mitteleuropa herrschende Chaos an Rähmchenmaßen nicht noch durch ein halbhohes Dadantmaß zu vergrößern. In Gebieten mit einer starken Frühtracht kann das Aufsetzen von weiteren Honigraumzargen erforderlich werden. Dies ist immer der Fall, wenn die zuletzt gegebene Zarge zu ⅔ mit Honig gefüllt ist. Unterschiedlich sollte dabei der Anteil an ausgebauten Waben sein, wie nachstehend dargestellt wurde:

1. Zarge: 3 ausgebaute Waben, 7 Mittelwände
2. Zarge: 5 ausgebaute Waben, 5 Mittelwände
3. Zarge: 10 ausgebaute Waben, 0 Mittelwände

Nach Abklingen der Frühtracht können die Honigraumzargen abgeschleudert werden, wenn sie zu ⅔ verdeckelt sind.

Die Entnahme der Waben wird, wie im Kapitel 3.2.1 beschrieben, durch Bienenfluchten erleichtert. Für die nachfolgenden Trachten sollte in den Honigraumzargen nicht mehr mit Mittelwänden, sondern nur noch mit ausgebauten Waben gearbeitet werden.

Mit dem Aufsetzen der ersten Honigraumzarge sind die Völker, wie im Kapitel 3.2.1 beschrieben, wöchentlich auf bestiftete Weiselzellen zu untersuchen. Treten solche auf, sind die im Kapitel 4 beschriebenen Schwarmverhinderungsmaßnahmen einzuleiten, um die Volkskraft zu erhalten. Gegen Ende der Tracht empfiehlt es sich, die Waben in der zehnrahmigen Dadantzarge zu ordnen, um die sich daran anschließende Fütterung einleiten zu können. **Hierbei werden die jüngsten Waben in die Mitte des Brutnestes gerückt und die ältesten Waben an die Ränder versetzt.** Letztere sind es, die im kommenden Frühjahr gegen Mittelwände ausgetauscht werden.

Nach dem Abschleudern der letzten Tracht, werden die Honigraumzargen entnommen und sofort mit der Auffütterung begonnen. **Die Völker überwintern nur in der zehnrahmigen Dadantzarge.** Trotzdem ist zu beachten, ob die Völker eine Spätsommertracht, z.B. Heide, nutzen. Ist dies nicht der Fall, so ist es zur Erzeugung der Winterbienen erforderlich, eine Sommerreizung durchzuführen. Hierbei und bei der Schlussauffütterung kann genauso vorgegangen werden wie dies im Kapitel 3.2.1 beschrieben wurde. Es können auch genau die dort empfohlenen Futtermengen zum Einsatz kommen. Wurde eine Spätsommertracht genutzt, entfällt die Reizfütterung. Auch in diesem Fall kann genauso vorgegangen werden, wie dies im Kapitel 3.2.1 beschrieben wurde. Zu empfehlen ist auch das dort beschriebene Wiegen der Völker. Allerdings muss der Imker die für die Dadantzarge erforderlichen Sollgewichte ermitteln.

3.6 Das Umsetzen der Völker auf das Langstrothmaß

Die kompatible Beute von KIES ermöglicht es, ohne Schwierigkeiten zwischen dem Langstroth-, Zander- und Dadantmaß zu wechseln. Es müssen nur entsprechende Zargen gewählt werden. Schwieriger ist es dagegen, wenn von einem beliebigen Rähmchenmaß einer Hinterbehandlungsbeute auf das kompatible System, z.B. Langstrothmaß, umgestellt werden soll.

Eine solche Umstellung wird am zweckmäßigsten im Frühjahr, zu Beginn der Frühtracht, vorgenommen. Das umzustellende Volk muss 10 Waben gut belagern und vor der Erweiterung stehen. An einem warmen Tag wird dieses Volk von seinem Standplatz genommen. Auf seinen Platz kommt jetzt ein Langstroth-Magazin, bestehend aus dem Bodenbrett und einer Zarge mit 10

Langstrothmittelwänden. Zur Erleichterung der Arbeit wird über die Zarge mit den Mittelwänden eine Leerzarge aufgesetzt. Nun werden die Waben des umzustellenden Volkes einzeln entnommen, die Bienen in die Leerzarge des Magazins abgestoßen und die bienenfreien Waben auf einen Wabenbock abgestellt. Sind alle 10 Waben in das Magazin abgestoßen, werden die Bienen mit etwas Rauch in die untere Zarge betrieben und zwischen die beiden Zargen ein Absperrgitter eingelegt. Darauf werden die 10 bienenfreien Waben in die Leerzarge über das Absperrgitter eingestellt und das Magazin mit dem Innen- und Außendeckel verschlossen.

Die Ammenbienen finden sehr bald die zu pflegende Brut über dem Absperrgitter und ziehen sich dorthin zurück. Die Weisel verbleibt in der unteren Zarge und legt dort ein neues Brutnest an. Nach 3 Wochen ist die Brut aus den alten Waben geschlüpft, so dass diese im Rahmen der Frühtrachtschleuderung entnommen und gegen die Langstroth-Waben ausgetauscht werden können.

Wenn auch in der Regel auf den alten Brutwaben keine Weiselzellen gesetzt werden, empfiehlt es sich doch, nach 9 Tagen eine Kontrolle der Weiselzellen in der oberen Zarge vorzunehmen. Werden solche gefunden, müssen sie ausgebrochen werden, um ein Schwärmen des Volkes zu verhindern.

4. Schwarmverhinderung, Weiselerneuerung und Völkervermehrung

Wenn wir die drei, auf den ersten Blick völlig verschiedenen, Maßnahmen vereinigen, hat dies den Grund darin, dass alle drei sehr eng zusammenhängen und sowohl in der einen oder anderen Richtung benutzt werden können. So können z.B. Maßnahmen der Schwarmverhinderung gleichzeitig der Weiselerneuerung als auch der Völkermehrung dienen und durch den Imker in geschickter Weise miteinander verknüpft werden.

4.0.1 Allgemeine Grundsätze der Schwarmverhinderung

Es gibt heute in Deutschland nur noch wenige Gegenden, wo infolge der dort vorherrschenden Spättracht eine Schwarmbienenzucht möglich ist. Auch sind echte Schwärme im Handel nicht sehr gefragt. Große Honigernten sind heute nur zu erzielen, wenn mit starken, schwarmträgen

Völkern gearbeitet wird. So hat der Imker gelernt, die Völker am Schwärmen zu hindern, in dem er das Mittel der Schröpfung anwendet. Diese kann durch Entnahme von Bienen oder Brut geschehen. Wichtig ist dabei, dass sie so durchgeführt wird, dass die Völker nicht schwärmen, trotzdem stark genug sind, die folgende Tracht zu bergen oder mit der erforderlichen Volkstärke in die Winterruhe gehen.

4.0.2 Allgemeine Grundsätze der Weiselvermehrung

Dem Leser wird auffallen, dass wir von der Weiselvermehrung und nicht von der Weiselzucht sprechen. Dies hat seinen Grund darin, dass in Deutschland nur von Weiselzucht gesprochen wird, wenn eine strenge mütterliche Auswahl, die durch Herkunftsnachweis belegt sein muss, und eine Auswahl der Vatervölker auf Belegstellen bzw. durch künstliche Besamung betrieben wird. Wenn auch diese Einschränkung biologisch gesehen irrsinnig ist, so ist sie doch eine Tatsache, der Rechnung getragen werden muss. Man sollte sich aber darüber im Klaren sein, dass im Grunde jede Selektion durch den Menschen eine züchterische Maßnahme ist. Doch unter den genannten Bedingungen sind in Deutschland nur ca. 10 % bis 15 % der Imker als Züchter zu bezeichnen, da sie die Vorgaben des DIB zur Durchführung der Zucht erfüllen. Da diese Imker Weiseln zum Verkauf züchten, ist es nicht einmal falsch, dass derartige Nachweise gefordert werden, um den Käufer vor Betrug zu schützen. Die Kehrseite der Medaille ist aber, dass 80 % der Imker diese Vorgaben nicht erfüllen und vom DIB nicht als Züchter bezeichnet werden. Dabei wird der Eindruck erweckt, dass sich nur 20 % der Imker um eine Verbesserung der Biene bemühen, was objektiv gesehen falsch ist und als Reaktion die Gründung der Union der Basiszüchter zur Folge hatte. Hierbei ist zu wünschen, dass sich beide, die Züchter und Basiszüchter, nicht in endlosen Fehden ergehen, sondern gemeinsam das Ziel, die Verbesserung unserer Biene, in Angriff nehmen. Da wir an dieser Stelle keinen Streit darüber entfachen wollen, was eine züchterische Maßnahme ist oder nicht, sprechen wir schlicht von der Weiselerneue-

rung, die bei jedem Imker erforderlich ist, ob er sich als Züchter bezeichnet oder nicht.
Bevor wir auf die einzelnen Verfahren der Schwarmverhinderung, Weiselerneuerung und Völkervermehrung eingehen, sollen ein paar wichtige Grundsätze vorangestellt werden, denn nicht alle im Laufe der letzten 200 Jahre entwickelten Verfahren sind unter den heutigen Bedingungen noch zu empfehlen. So müssen wir heute die von DZIERZON propagierte „diamantene Regel“ der Schwarmverhinderung ablehnen, da sie kaum eine Möglichkeit der Selektion von Weiseln zulässt, obwohl sie vor 60 Jahren, zum allgemeinen Handwerkzeug der Imker gehörte. Unser Hauptgrundsatz bei der **Schwarmverhinderung** lautet: **Sie muss sicher sein und die Kraft des Volkes erhalten**. Was nützt uns ein Verfahren, dass gegen Ende der Rapstracht den Schwarmtrieb unterdrückt, das Volk aber so schwächt, dass es die folgenden Trachten nicht mehr voll nutzen kann. Ideal sind Völker mit Weiseln, die im ersten Jahr nach ihrer Geburt keine Schwarmgedanken hegen, vorausgesetzt, dass es sich um normale Jahre handelt. In typischen Schwarmjahren neigen auch sonst schwarmträge Weiseln zum Schwärmen. Trotzdem sollte der Imker bei der Auswahl seiner Zuchtvölker auf Schwarmträgheit achten. Sie erspart ihm Zeit, da die schwarmverhindernden Maßnahmen entfallen.
Etwas komplizierter gestaltet sich die **Weiselerneuerung**, da zum Einen die richtige Auswahl der Zuchtvölker getroffen werden muss und zum Anderen Verfahren gewählt werden müssen, die den Zeitaufwand des Imkers nicht zu sehr belasten. Unter der richtigen Auswahl verstehen wir die Nachzucht von Völkern, die den vorhandenen Trachtverhältnissen optimal angepasst sind. **Sie müssen hohe Erträge erbringen und sich als widerstandsfähig gegenüber Krankheiten erwiesen haben**. Es ist nicht zu empfehlen, Weiseln von einem Züchter zu beziehen, dessen Trachtverhältnisse von den eigenen stark abweichen. So haben im Eberswalder Raum mit seinen Schwerpunkten in der Früh- und Sommertracht immer wieder Weiseln versagt, die im Thüringer Wald, trotz

fehlender Frühtracht, höchste Erträge erbracht hatten. Wer Weiseln vom Züchter kauft, muss darauf achten, dass die Trachtverhältnisse des Verkäufers denen des Käufers ähnlich sind. Nur dann ist damit zu rechnen, dass die importierten Weiseln auch bei dem Käufer hohe Erträge erbringen.

Ein hoher Honigertrag ist das Ziel der meisten Imker. Hierauf sind die in diesem Werk dargelegten Betriebsweisen ausgerichtet. Wer den Schwerpunkt seiner Imkerei nicht im Honigertrag, sondern in der Weiselzucht oder Produktion von Ablegern bzw. Kunstschwärmen sieht, wird mit den hier vorgestellten Verfahren keine optimalen Erträge erwirtschaften.

Ein weiteres wichtiges Selektionsmerkmal ist die Widerstandsfähigkeit gegenüber Bienenkrankheiten und Schädlingen. Es muss unser Ziel sein, in der Imkerei ohne den Einsatz von Medikamenten auszukommen. Glücklicherweise sind unsere Bienen noch nicht so verweichlicht wie andere Haustiere, deren Haltung ohne Medikamenteneinsatz gar nicht mehr möglich ist. Mit Ausnahme der Varroamilbe sind bis jetzt alle anderen Bienenkrankheiten ohne den Einsatz von Medikamenten beherrschbar und sollten es auch in Zukunft bleiben. In der Vergangenheit, besonders in den sechziger und siebziger Jahren des vorigen Jahrhunderts, wurde von vielen Imkern versucht, mit speziellen Medikamenten, Heilfutterteigen und Beutenheizungen starke Völker zu erzeugen [OESER 1962, BORCHERT 1966, BRETSCHKO 1974]. Glücklicherweise war diesen Versuchen kein durchschlagender Erfolg beschieden und es setzte sich immer mehr die Erkenntnis durch, dass eine den natürlichen Verhältnissen weitgehend angepasste Bienenhaltung unsere Bienen besser schützt als die eingesetzten Medikamente. Aus diesem Grund darf von keinem Volk nachgezogen werden, das gesundheitliche Schwächen z.B. Anfälligkeit gegenüber Kalkbrut, Nosema usw. aufweist. Nur bei der Bekämpfung der Varroamilbe sind wir zurzeit noch auf den Einsatz von Medikamenten angewiesen. Da sich unsere wissenschaftlichen Institute intensiv mit der Varroatoleranzzucht beschäftigen, besteht die berechtigte Hoffnung, in naher Zukunft auch diesen Schädling ohne Medikamenteneinsatz im Zaum zu halten [GARRIDO, BÜCHLER, BIENEFELD, EHRHARDT und ROSENKRANZ 2005].

Neben den genannten Hauptmerkmalen steht es jedem Imker frei, nach weiteren Merkmalen zu selektieren. Als Beispiel kann Bruder ADAM (1969), der Urzüchter der Buckfast-Biene dienen, der nach 22 Merkmalen seine Zuchtvölker auswählte.

Die Auswahl der Zuchtvölker ist die eine Seite der Weiselerneuerung. Die andere ist das Verfahren mit dem der Imker die Nachzucht der Weiseln betreibt. Ohne Einschränkung ist von der Weiselzucht in Deutschland zu sagen, dass sie sich zu einem sehr zeit- und arbeitsaufwendigen Spezialzweig der Imkerei entwickelt hat, der außerdem hierfür eine Reihe von Spezialgeräten und speziell hergerichteten Völkern (Anbrüter, Pflegevölker, Begattungsvölkchen usw.) erfordert. Der hohe Arbeitsaufwand und die enge zeitliche Terminierung, in der ganz bestimmte Arbeitsgänge erfolgen müssen, halten viele Imker davon ab, nach diesen Vorschriften Weiseln zu erzeugen. Dies war auch der Grund, weshalb wir vor ca. 25 Jahren die gängigen Wege der Weiselzucht verließen und nach Verfahren zu suchen begannen, die die Erzeugung von Weiseln natürlicher, bei geringem Arbeitsaufwand ermöglichen sollten. Die Grundsätze unserer Weiselzucht sind nachstehend aufgelistet, während technische Einzelheiten in den folgenden Kapiteln behandelt werden.

Grundsätze unserer Weiselzucht

1. Strenge Auswahl der Zuchtvölker, wobei stets von mehreren Völkern nachgezogen wird.
2. Erzeugung von genügend Drohnen, da wir nur noch Standbegattung betreiben. Deshalb lasen wir die Drohnen des ersten ausgebauten Baumrahmens bei allen Völkern schlüpfen.
3. Die Auswahl der Maden, aus denen Weiseln entstehen sollen, wird den Bienen selbst überlassen.

4. Die Anzucht erfolgt während der Frühtracht in Kernvölkern im Standmaß.
5. Je Kernvolk werden ca. 4 bis 6 Weiselzellen gepflegt und kommen zum Schlupf. Den Bienen wird die Auswahl, welche Weisel die Herrschaft antreten soll, selbst überlassen.
6. Die Weiseln werden nicht gezeichnet, da uns dies als eine überflüssige Arbeit erscheint. Auch lehnen wir das Einkürzen eines Flügels als Mittel der Schwarmverhinderung ab.
7. Die jungen Weiseln werden ausschließlich in unserer Imkerei eingesetzt, da der Weiselverkauf unseren Grundsätzen widerspricht. Wir geben jedoch jederzeit an interessierte Imker Zuchtstoff ab.

Aus Diskussionen in zahlreichen Imkerversammlungen konnten wir entnehmen, dass viele Imker unseren Grundsätzen 2, 3 und 5 skeptisch gegenüberstehen, weshalb auf sie näher eingegangen werden soll. Zur Standbegattung kamen wir, als wir unsere Imkerei auf Magazine umstellten. In der ehemaligen DDR herrschte damals auch auf den Belegstellen eine Hinterbehandlungsbeute, die ‚Normbeute 52', vor. Als wir die Völker aus der nach unserer Meinung zu kleinen Normbeute 52 in Magazine umlogierten, zeigte sich, dass unsere bis dahin leistungsstarken Völker die Magazine nicht füllten. Von den 36 umlogierten Völkern war nur eins, dessen Entwicklung im Magazin befriedigte. Nicht befriedigend waren außerdem die Nachzuchten, deren Weiseln auf der Belegstelle begatten waren. Dieser Zustand änderte sich erst, als wir dem Gedanken folgend, dass die Vatervölker der Belegstelle gewissermaßen in die zu kleine Normbeute 52 hineingezüchtet waren, zögernd zur Standbegattung übergingen. Entgegen allen Prophezeiungen, dass wir in Kürze nur noch schwärmende, stechlustige Chausseerassen auf dem Stand hätten, konnten wir eine Biene selektieren, die unseren Vorstellungen entsprach, dem Magazin angepasst ist und uns die nicht geringe Arbeit der Belegstellenbeschickung erspart.

Bezüglich Grundsatz 3 wird uns entgegengehalten, dass bei uns nur minderwertige Nachschaffungsweiseln entstehen, da wir dem Kernvolk eine Wabe mit jüngster Brut zusetzen, aus denen die Bienen die Weiseln nachziehen. Es wird weiter behauptet, dass die Bienen auf diesem Weg nur aus 3 Tage alten Maden Weiseln nachziehen. Doch liebe Imker, wo sind die Beweise für diese These? Unsere Untersuchungen besagen, dass im Kernvolk in der Regel 4 bis 6 Weiselzellen über unterschiedlich alte Maden angeblasen werden, die auch zum Schlupf kommen. Und da sind wir bei der These Nummer 5. Da bis zu 6 Weiseln schlüpfen, die Kernvölker aber nicht schwärmen und zum Schluss nur eine Weisel vorhanden ist, muss sich die stärkste Weisel durchgesetzt haben. Früher als wir noch die Weiseln in EWK's auf der Belegstelle begatten ließen, rechneten wir mit 10 bis 15 % begatteter Weiseln, die leistungsmäßig nicht befriedigten. Die Auswahl hatten wir (der Mensch) von der Made bis zur einzuweiselnden Weisel getroffen. Seit wir nach den Thesen 3 und 5 den Bienen die Auswahl überlassen, treten die genannten Ausfälle nicht mehr auf. Würde die These von den minderwertigen Nachschaffungsweiseln zutreffen, müsste unsere Imkerei nach nunmehr 20 Jahren, in denen wir dieses Verfahren anwenden, ertragsmäßig auf den Nullpunkt gekommen sein.

4.0.3 Allgemeine Grundsätze der Völkervermehrung

Während des Aufbaus einer Imkerei spielt die Völkervermehrung eine dominierende Rolle. Doch auch später muss eine gewisse Anzahl von Ersatzvölkern vorhanden sein, um eine Imkerei optimal betreiben zu können. Besonders in ungünstigen Wintern passiert es immer wieder, dass eine größere Zahl an Völkern aus den verschiedensten Gründen ausfallen. In einem solchen Fall sind Reservevölker Gold wert, um die Lücken aufzufüllen. Werden sie nicht in der eigenen Imkerei benötigt, erzielen wir mit ihnen nach verlustreichen Wintern einen guten Preis und ernten den Dank der geschädigten Imker.

In vielen älteren Lehrbüchern, z.B. ALBERTI (1918) und OTTO (1953), wird dem Imker empfohlen, sogenannte Reserveableger einzuwintern. Von diesem Verfahren halten wir gar nichts. Einmal sind die Ableger viel schwerer zu überwintern als starke Völker. Zum Anderen muss sich so ein Ableger im Frühjahr erst zu einem Volk entwickeln, ehe er uns einen Honigertrag liefert. Aus diesem Grund wenden wir nur Verfahren an, die uns gewährleisten, dass das Reservevolk bis Ende August die volle Volkstärke erreicht hat. **Wir überwintern prinzipiell nur starke Reservölker und keine Reserveableger**.

4.1 Schwarmverhinderung zum Ende der Frühtracht, gekoppelt mit der Anzucht von Weiseln in Dreiwabenkästen im Standmaß

Gegen Ende der Frühtracht stehen einige voreilende Völker vor dem Ausbruch des Schwarmtriebes, der jedoch durch einen sanften Entzug von Bienen beherrscht werden kann. Diese Situationen nutzen wir gleichzeitig zur Anzucht von Weiseln. Zu diesem Zweck wird eine Anzahl von Dreiwabenkästen wie folgt hergerichtet. Als Mittelwabe fungiert eine bienenfreie Wabe mit jüngster Brut aus einem Zuchtvolk. Sie wird von einer unbebrüteten Wabe und einer Mittelwand flankiert. Als Dreiwabenkästen haben sich die von PFEFFERLE (1990) beschriebenen ‚Ruck-Zuck-Kästen' bestens bewährt.

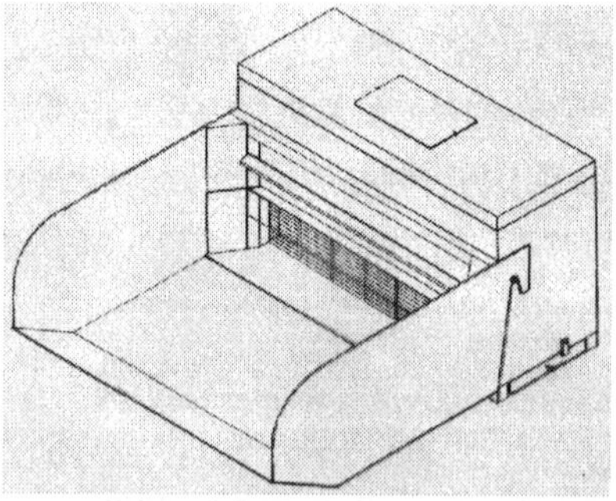

Abbildung 13: Ruck-Zuck-Kästchen nach PFEFFERLE

Diese Dreiwabenkästen werden seitlich auf ganzer Breite geöffnet und eine Einlaufschütte mit Absperrgitter vor die Öffnung gestellt. Das Ab-

sperrgitter verhindert, dass beim Besetzen mit Bienen eine Weisel in den Dreiwabenkasten einläuft.
Nun werden aus dem zu schröpfenden Volk die Bienen von 5 bis 7 Brutwaben in die Einlaufschütte gestoßen. 7 Waben sind erforderlich, wenn die Arbeiten bei regem Flugbetrieb durchgeführt werden. Sonst reichen die Bienen von 5 Waben aus. Mit leichten Rauchstößen werden die Bienen durch das Absperrgitter getrieben und danach wird der Kasten verschlossen. Die so versorgten Kästen werden danach außerhalb des Flugkreises der Bienen zur Begattung aufgestellt und ihnen ein Glas mit einer Zuckerlösung oder Honiglösung 1 : 1 aufgesetzt. Hier lässt sich der beim Abschöpfen gewonnene Honig sehr gut und sinnvoll verwenden. Wir nehmen diese Arbeit 8 Tage vor dem Abwandern aus der Rapstracht vor und stellen die Dreiwabenkästen auf den Heimatstand auf. Nach 8 Tagen stehen dann hier auch die Trachtvölker mit ihrer Armada an Drohnen. Damit ist unsere Arbeit bei der Weiselzucht erledigt. Alles andere überlassen wir den Bienen.
Bis zur Eiablage der jungen Weisel benötigen wir in der Regel 3 Gläser a ¾ Liter mit Futterlösung. Während das erste Glas sehr zügig abgenommen wird, verzögert sich die Abnahme des zweiten Glases sehr stark, da keine offene Brut mehr versorgt werden muss. Erfolgt beim dritten Glas wieder eine zügige Abnahme, so ist dies ein sicheres Zeichen, dass die junge Weisel in Eiablage gegangen ist. Nun ist es an der Zeit, das Brutnest der jungen Weisel genauer zu betrachten und über das Schicksal der Weisel zu entscheiden. Ist das Brutnest lückig und eventuell mit Drohnenbrut durchsetzt, so wird die Weisel abgedrückt und das Kernvolk aufgelöst. Nur Weiseln mit einem geschlossenen Brutnest werden weiter verwendet. Hierzu ist zu bemerken, dass früher, als wir die Weiseln im Anbrüter, dann in Pflegevölkern anzogen und jedem Kernvolk nur eine Weiselzelle zusetzten, des öfteren Weiseln mit einem lückigen Brutnest auftraten. Seitdem wir es den Bienen im Kernvolk überlassen, selbst die Made auszuwählen, die sie zur Weisel erhe-

ben wollen, können wir uns über die Qualität der Weiseln nicht beschweren.

Bezüglich der Verwendung der jungen Weisel ergeben sich für uns drei Möglichkeiten, deren Auswahl sich aus der Gesamtlage des Standes ergibt:

1. der Aufbau eines Ersatz- oder Vollvolkes,
2. der Aufbau einer Umweiselungseinheit und
3. die Herstellung von Kunstschwärmen.

4.1.1 Der Aufbau von Ersatz- oder Vollvölkern

Charakteristisch für den Aufbau von Ersatzvölkern ist es, dass sie bis Ende August 2 Zargen besetzen müssen und als Volk überwintern. Sie werden aus den Kernvölkern entwickelt, so dass die Weisel immer in ihrer Geburtseinheit verbleibt. Der Aufbau dieser Völker gelingt nur, wenn sie dauernd mit Flüssigfutter bis zur Wintereinfütterung gereizt werden.

Hat die Jungweisel die 3 Waben bestiftet, ist das Kernvolk reif, in eine normale Zarge mit Unterboden umlogiert zu werden. Diese Zarge wird auf den Platz gesetzt, wo bis jetzt der Dreiwabenkasten stand. In Wespenjahren empfiehlt es sich, das Flugloch des Unterbodens auf ca. 2 cm zu verengen, um das Kernvolk nicht bei der Verteidigung des Stockes zu überfordern. Nun werden die drei Waben des Kernvolkes in der gleichen Reihenfolge in die Zarge versetzt und die Bienen, die noch im Dreiwabenkasten verblieben sind, in die Zarge gestoßen. Danach werden zwei wenig bebrütete, am besten honigfeuchte, Waben als Deckwaben an die drei umgesetzten Waben gehängt. Gleichzeitig wird ein Glas mit Futterlösung neben den Wabenblock gestellt.

Nach 8 bis 10 Tagen sind die Deckwaben in das Brutnest einbezogen, so dass jetzt die erste Erweiterung des Brutnestes erfolgen kann. Zu diesem Zweck werden die Waben rechts und links der Mittelwabe nach außen gerückt und an die zwei leeren Plätze je eine honigfeuchte unbebrütete Waben gesetzt. Gleichzeitig wird ein weiteres Glas mit Futterlösung verabreicht. Wird es für dieses in der Zarge zu eng, wird es in einer zweiten Zarge auf die Waben gestellt. Nach weiteren 8 Tagen sind die Waben bestiftet und es erfolgt wie beschrieben die nächste Erweiterung. Ende Juli/Anfang August füllt das Kernvolk die untere Zarge aus. Nun werden zwei Waben mit auslaufender Brut und die beiden Deckwaben in die zweite Zarge gesetzt. In der ersten Zarge werden die entstandenen Fehlstellen durch wenig oder unbebrütete honigfeuchte Waben ersetzt und weiter flüssig gereizt. Bis Ende August werden weiter im achttägigen Abstand jeweils zwei Waben mit auslaufender Brut in die obere Zarge versetzt und die Fehlstellen in der unteren Zarge mit unbebrüteten, honigfeuchten Waben ergänzt. Bis Ende August/Anfang September hat sich das Kernvölkchen zu einem Vollvolk entwickelt, das nun wie ein solches eingefüttert wird. Zu empfehlen ist die Einfütterung mit invertierter Zuckerlösung wie Api-Invert oder Ambrosia, um die Bienen mit der Verarbeitung des Winterfutters nicht mehr zu belasten.

4.1.2 Der Aufbau von Umweiselungseinheiten

Da auch die Weiseln nur eine begrenzte Lebenszeit haben, sind wir gezwungen, ältere Weiseln durch jüngere zu ersetzen. In der Regel werden unsere Weiseln je nach Leistung 2 bis 3 Jahre alt. Nur sehr leistungsstarke Weiseln nehmen wir auch einmal in das vierte Lebensjahr. Leider fallen beim Weiselaustausch, besser gesagt beim Umweiseln, immer noch viele Jungweiseln zum Opfer, da ein wirklich optimales Verfahren noch nicht gefunden ist. Näheres hierüber entnehme der Leser dem Kapitel 4.4 ‚Umweiseln'.

Neben der Bildung von Ersatzvölkern, weiseln wir einen Teil unserer Völker mit Hilfe von Umweiselungseinheiten um, deren Bildung hier beschrieben werden soll. Bedingt durch die bei uns vorherrschenden Trachtverhältnisse versiegt die Honigtracht gegen Ende Juli. Für die Zeit der Umweiselung verbleibt uns daher der Zeitraum von Ende Juli bis Mitte August. Daraus resultiert, dass die Umweiselungseinheiten, die aus Einzargenvölkern bestehen, ab Ende Juli bereit sein müssen. Auch sie werden aus den Kernvölkern in den Dreiwabenkästen entwickelt.

Das Umlogieren in eine Zarge mit Unterboden erfolgt genau in der Weise, wie sie im Kapitel 4.1.1 ‚Der Aufbau von Ersatz- und Vollvölkern' beschrieben wurde. Doch dann trennen sich die Wege, da wir hier nicht das Ziel haben, überwinterungsfähige Völker aufzubauen. Aus diesem Grund kann auf eine flüssige Reizung zugunsten einer Reizung mit Futterteig verzichtet werden, was weniger arbeitsaufwendig ist. Das umlogierte Kernvolk erhält eine Futtertasche oder der Futterteig wird als dünner Fladen oben auf die Waben gelegt. Alle 10 bis 14 Tage erfolgt dann eine Erweiterung mit zwei honigfeuchten, unbebrüteten Waben in der Form, wie sie im Kapitel 4.1.1 beschrieben wurde. Ende Juli sind die Einheiten so weit erstarkt, dass sie zum Umweiseln eingesetzt werden können. Das Vorgehen beim Umweiseln wird im Kapitel 4.4 ‚Umweiseln' näher beschrieben.

4.1.3 Die Schaffung von Kunstschwärmen

Gegen den Fleiß eines Schwarmes, besonders eines Nachschwarmes, kommt nichts auf, lehrten uns unsere Altvorderen, was wir aus eigener Erfahrung bestätigen können. Besonders, wenn bei einer geplanten Erweiterung des Völkerbestandes der Wabenvorrat nicht ausreicht, können Kunstschwärme helfen, das Ziel trotzdem zu erreichen, da sie ihr Wabenwerk selbst in kürzester Zeit schaffen. In der Praxis unterscheiden wir zwischen dem Fegling und den Freiluftkunstschwarm nach Guido SKLENAR.

4.1.3.1 Der Fegling

Obwohl er einen höheren Arbeitsaufwand erfordert, ist er in der Praxis die verbreitetste Form der Kunstschwärme. Grundvoraussetzung zur Herstellung sind genügend Bienen, die ohne Beeinträchtigung der Tracht eingesetzt werden können. Deshalb werden oft Feglinge in Verbindung mit der Entnahme der Honigwaben am Ende einer Tracht gemacht.

Erforderlich ist ein gut belüfteter Schwarmfangkasten mit einem Deckel, der ein Loch zum Aufsetzen eines Abkehrtrichters besitzt. In den Schwarmfangkasten wird ein kinderfaustgroßes Stück Futterteig gegeben und eine Weisel in einem Käfig mit hartem Verschluss (Stöpsel) an die Decke gehängt. Nun werden die Bienen von den Waben in den Trichter gefegt, so dass sie in das Innere des Schwarmkastens fallen. Hat der Fegling ein Gewicht von 2,5 kg bis 3 kg erreicht, was durch eine Waage leicht zu kontrollieren ist, wird der Kasten verschlossen und für 3 Tage in einen dunklen Keller gebracht. In dieser Zeit sollen sich die Bienen an die Weisel gewöhnen und sich als Schwarm fühlen. Nach 3 Tagen wird der Kunstschwarm in ein außerhalb seines alten Flugkreises stehendes Magazin, mit Bodenbrett und einer Zarge mit 10 Mittelwänden gestoßen. Die fest verkorkte Weisel wird mit ihrem Käfig auf das Bodenbrett gestellt, der Stöpsel entnommen und das Schlupfloch mit Futterteig verschlossen, der von den Bienen innerhalb weniger Stunden abgetragen wird. Am Abend nach dem Einstocken erhält der Fegling 5 Liter Zuckerlösung 1 : 1 und wird in den nächsten 8 Tagen nicht geöffnet, um die Weisel nicht zu gefährden. Nach dieser Zeit wird die Fütterung solange fortgesetzt, bis die 10 Mittelwände ausgebaut sind. Dabei sind die an den Rändern befindlichen Mittelwänden in die Mitte des Brutnestes zu rücken, damit sie die Weisel bestiften kann.

4.1.3.2 Der Freiluftkunstschwarm nach Guido SKLENAR

Viele Imker fürchten, dass ihnen diese Art von Kunstschwarm misslingen kann und greifen lieber zum arbeitsaufwendigeren Fegling. Um einen Freiluftkunstschwarm zu bilden, benötigen wir ein Bodenbrett und eine leere Zarge, die auf den Platz gestellt werden, wo der Kunstschwarm in Zukunft stehen soll. Es ist nicht erforderlich, den Kunstschwarm außerhalb des Flugkreises zu bringen. Wichtig ist jedoch, dass der Kunstschwarm an einem Nachmittag gebildet wird, um zu vermeiden, dass er der prallen Mittagssonne ausgesetzt wird.

Auf die leere Zarge wird ein kleines Brettchen gelegt, an dessen Unterseite der Käfig mit der Weisel befestigt ist. Sie wird unter hartem Verschluss (Stöpsel) gehalten, um zu vermeiden, dass sie den Käfig verlässt. Nun werden die Waben mit den Bienen in die leere Zarge gestoßen. Anfangs fliegen noch viele Bienen ab, doch finden sie bald die Weisel und bilden um den Käfig mit der Weisel eine Schwarmtraube. Hat diese eine Größe von 3 kg erreicht, ist der Kunstschwarm fertig und bleibt in dieser Form über Nacht hängen. SKLENAR überließ hier den Bienen die Entscheidung, ob sie im Schwarm bei der jungen Weisel bleiben oder in ihren Stock zurückkehren wollen. Der große Vorteil ist, dass der jungen Weisel keine Gefahr von den Bienen droht, denn sie haben sich für sie entschieden.

Am anderen Morgen wird die Schwarmtraube in die leere Zarge gestoßen, die Weisel aus dem Käfig befreit und in das Bienengewühl geworfen. Danach werden 10 Mittelwände in die Zarge gehängt und das Magazin verschlossen. Die erste Fütterung mit 5 Liter Zuckerlösung 1 : 1 erfolgt erst gegen Abend wie bei dem Fegling und es wird in der gleichen Weise fortgesetzt.

Viele Imker befürchten, dass bei diesem Verfahren die Weisel abgestochen wird. Diese Angst ist grundlos. Seit ca. 60 Jahren wird dieses Verfahren in unserer Imkerei verwendet, wir imkern bereits in der dritten Generation, ohne dass uns ein Fall des Abstechens der Weisel bekannt wurde. Nur einmal ist es passiert, dass der Kunstschwarm im Laufe des Vormittags auszog und das Weite suchte.

4.2 Brutdistanzierung – Demaree-Plan

Die Überwindung des Schwarmtriebes durch eine Brutdistanzierung liegt der Gedanke zugrunde, der Weisel Platz zur Eiablage und den Ammenbienen Futtersaftabnehmer in Form von jungen Maden zu schaffen. Dieser Grundgedanke wurde schon von PREUSS vertreten, der in bestimmten zeitlichen Abständen verdeckelte Brutwaben in den Honigraum umlogierte, um so in der nach heutigen Auffassungen zu kleinen

Beute Platz im Brutraum zu schaffen. Ähnlich ging KUNTZSCH vor, der in seiner Beute 3 Abteilungen installierte, in der die Weisel abwechselnd umlogiert wurde. ARMBRUSTER (1952) war wohl in Deutschland der erste, der die Brutdistanzierung konsequent zur Schwarmverhinderung einsetzte. Er stellte hierbei fest, dass dieses Verfahren ohne Schaden nur eingesetzt werden kann, wenn die Völker kurz vor dem Schwärmen stehen. Wird dies Verfahren zu früh eingeleitet, kann es die Entwicklung der Völker stoppen. Dass sich die Brutdistanzierung bei uns nicht durchsetzte, ist der in Deutschland vorherrschenden Beutenvielfalt geschuldet. Darüber täuscht auch der Versuch HÖLZER'S (1991) nicht hinweg, den Imkern die Brutdistanzierung bei unterschiedlichen Wabenmaßen und Hinterbehandlungsbeuten näher zu bringen.

Anders verlief die Entwicklung in Nordamerika, wo die Brutdistanzierung, dort Demaree-Plan genannt, zum festen Bestandteil der Imkerei gehört. Besonders bei Völkern, die in zwei Langstrothzargen überwintert wurden, wird zu einem bestimmten Zeitpunkt der Demaree-Plan umgesetzt, in dem der ganze Stand entsprechend behandelt wird [ZANDER/BÖTTCHER 1982].

4.2.1 Brutdistanzierung als Mittel zur Schwarmverhinderung

Nach den Erfahrungen von ARMBRUSTER (1952) muss der Schwarmtrieb ausgebrochen sein; das heißt, es muss Phase 3 oder 4 bei der Entwicklung des Schwarmtriebes erreicht sein (siehe Abschn. 3.2.1 Zweizargenüberwinterung), um die Brutdistanzierung mit Erfolg vornehmen zu können. Zu diesem Zweck wird eine Zarge mit einer Pollenwabe, einer Brutwabe mit der Weisel, einer Leerwabe und 7 Mittelwänden ausgestattet und auf das Bodenbrett aufgesetzt. Auf diese neue Zarge wird ein Absperrgitter gelegt. Über das Absperrgitter werden die Honigraumzarge (n) aufgesetzt, während die beiden Brutraumzargen über diese auf die vorletzte und letzte Stelle gesetzt werden, nach dem alle Weiselzellen und –näpfe ausgebrochen wurden. Auf diese Weise entsteht in dem Wirtschaftsvolk eine Art Flugling.

Soll ein ganzer Stand nach diesem Verfahren behandelt werden, erweist sich die Suche nach den Weiseln als zu zeitaufwendig. Aus diesem Grund werden als erster Arbeitsgang die beiden Brutraumzargen durch ein zusätzliches Absperrgitter getrennt. Nach 4 Tagen zeigt das Vorhandensein von Stiften, wo sich die Weisel befindet. Aus dieser Zarge wird nun eine Pollenwabe und eine Wabe mit offener Brut entnommen und die Bienen in die neue Zarge abgestoßen und gleichzeitig alle Weiselzellen bzw. Weiselnäpfe ausgebrochen. Auf diese Weise gelangt die Weisel in die neue Zarge, die mit einer Leerwabe und 7 Mittelwänden aufgefüllt und mit einem Absperrgitter abgedeckt wird. Über das Absperrgitter wird nun die Brutraumzarge ohne Bienen gesetzt. Es folgen die Honigraumzargen und an letzter Stelle die Brutraumzarge ohne Weisel, in der alle Weiselzellen ausgebrochen wurden. Nach 6 bis 8 Stunden haben die Brutraumwaben über dem Absperrgitter wieder so viele Ammenbienen angezogen, dass die Versorgung der Brut gesichert ist. Nun wird diese Zarge als letzte oben aufgesetzt.
Bei der Behandlung eines ganzen Standes werden auch Völker auftreten, die erst am Anfang der Schwarmphase (Phase 1 und 2) stehen. Beim Vorliegen der Phase 1 wird zweckmäßigerweise auf eine Brutdistanzierung verzichtet, während beim Vorliegen der Phase 2, den Erfahrungen ARMBRUSTER'S (1952) eingedenk, keine volle Brutdistanzierung vorgenommen wird, um einen Entwicklungsstopp zu vermeiden. Auch hier wird zwischen den beiden Brutraumzargen ein zusätzliches Absperrgitter gelegt, um nach 4 Tagen feststellen zu können, in welcher Zarge sich die Weisel aufhält. Diese Zarge wird so wie sie ist auf das Bodenbrett gesetzt. Über diese Zarge kommt eine neue, die mit 3 ausgebauten, möglichst unbebrüteten Waben und 7 Mittelwänden ausgestattet ist. Den Abschluss bildet das Absperrgitter mit den Honigraumzargen. Als letzte wird oben die zweite Brutraumzarge aufgesetzt. Auf diese Weise wird der Weisel genügend Raum zum Stiften gegeben, ohne dass das Volk ein neues Brutnest anlegen muss.

4.2.2 Brutdistanzierung in Verbindung mit der Völkervermehrung

Um zwei starke Völker überwintern zu können, sollten hierfür wirklich nur starke Völker ausgewählt und die Maßnahme vor Mitte Juni eingeleitet werden. Je nach der Vorgehensweise können dabei

1. ein weiselrichtiger Flugling (Altvolk) und ein weiselloser Brutableger oder
2. ein weiselloser Flugling (Altvolk) und ein weiselrichtiger Brutableger

entstehen.

Wird das erste Verfahren gewählt, so ist die Vorgehensweise die Gleiche wie sie im Kapitel 4.2.1, ‚Brutdistanzierung als Mittel zur Schwarmverhinderung', beschrieben wurde. Nur werden die beiden Brutraumzargen nicht oben aufgesetzt, sondern bekommen ein eigenes Bodenbrett und werden als Ableger auf dem gleichen Stand aufgestellt. Andere Imker wie SCHUNDAU (1993) empfehlen den Ableger außerhalb des Flugkreises zu bringen, um ihm ein Teil der Flugbienen zu erhalten. Auf jeden Fall muss der Imker dafür sorgen, dass der Ableger auf dem schnellsten Weg wieder zu einer begatteten Weisel kommt.

Weniger arbeitsaufwendig ist das zweite Verfahren, dass von seiner Anlage her dem alten Königinableger entspricht [ZANDER/BÖTTCHER 1982]. Vom Altvolk werden die beiden Brutraumzargen mit der Weisel entnommen, auf ein Bodenbrett aufgesetzt und als Ableger auf dem gleichen Stand aufgestellt. Während der Durchsicht nach Weiselzellen fliegen die in den Zargen vorhandenen Flugbienen zurück zum gewohnten Standplatz, was gewollt ist, da wir das Altvolk nicht zu stark schröpfen wollen. Der weiselrichtige Ableger (Königinableger) entwickelt sich nach anfänglichem Stillstand bald wieder zu einem überwinterungsfähigen starken Volk.

Da das Altvolk weisellos ist, geben wir ihm eine neue Zarge auf das Bodenbrett mit jüngster Brut aus einem Zuchtvolk. Die restlichen freien Stellen werden mit Mittelwänden aufgefüllt. Dieser weisellose Flugling setzt jetzt Weiselzellen an, die wir nach 9 Tagen bis auf eine ausbre-

chen müssen, da er sonst schwärmt. Hierbei wählen wir eine gut geformte Weiselzellen aus, die stark von den Bienen belagert wird.
Beide Verfahren sind möglich, wobei wir im Gegensatz zu SCHUNDAU (1993) das zweite Verfahren des geringeren Arbeitsaufwandes wegen vorziehen. Da das Altvolk längere Zeit keine Brut zu pflegen hat, bringt es eine größere Honigernte. Das wichtigste Argument ist jedoch, dass wir hier auf einfache Art eine Weisel nachziehen können, deren Genmaterial aus unseren Zuchtvölkern stammt.

4.3 Sonstige Verfahren der Schwarmverhinderung und Völkervermehrung

Im Laufe der letzten 150 Jahre wurden viele Verfahren der Schwarmverhinderung und Völkervermehrung entwickelt, von denen sich jedoch eine ganze Reihe nur schlecht für den Einsatz in Magazinbeuten eignen. Aus diesem Grund sollen hier nur noch 2 Verfahren, die Bildung von Zwischenablegern und der Saugling, beschrieben werden, da sie ohne größere Schwierigkeiten bei Magazinen zur Anwendung kommen können.

4.3.1 Der Zwischenableger

Das Grundprinzip des Verfahrens besteht darin, dass durch die Bildung eines Königinablegers der Schwarmtrieb im Hauptvolk unterbrochen wird und nach einer Phase der Abkühlung, wie die Alten sagen, Ableger und Hauptvolk wieder vereinigt wird.
In einem Magazin wird bei Schwarmgefahr durch ein zweites Absperrgitter ermittelt, in welcher Zarge sich die Weisel aufhält. Diese Zarge wird entnommen, auf ein Bodenbrett gesetzt und auf dem gleichen Stand abgestellt. Bei schlechter Tracht empfiehlt es sich, dem Ableger eine Tasche mit Futterteig zu geben, da er alle Flugbienen verliert. Im Hauptvolk werden in der zweiten Brutraumzarge alle Weiselzellen ausgebrochen. Dieselbe Arbeit wird nach 9 Tagen wiederholt, wobei dem Volk

gleichzeitig eine Wabe mit jüngster Brut gegeben wird. Das weisellose Hauptvolk setzt auf dieser Wabe erneut Weiselzellen an. Nach weiteren 9 Tagen ist der Zeitpunkt gekommen, auch diese auszubrechen und das Hauptvolk wieder mit dem Ableger zu vereinigen. Zum Zweck der Vereinigung wird die untere Zarge des Hauptvolkes nach dem Ausbrechen mit einem Bogen Papier abgedeckt, in dem mit Hilfe eines Nagels ca. 20 kleine Löcher gestochen wurden. Auf diese Zarge wird nun der Ableger mit der Weisel aufgesetzt und mit dem Absperrgitter abgedeckt. Darüber kommen die Honigraumzargen des Hauptvolkes. Wichtig ist, dass jetzt das Volk 8 Tage lang nicht angerührt wird. Die Bienen der unteren Zarge und die Flugbienen des Hauptvolkes nehmen durch die Löcher im Papier mit den Bienen des Ablegers Kontakt auf, so dass das Pheromon der Weisel in dem Volk zu kreisen beginnt, ehe die Bienen selbst aufeinander treffen. Nach 8 Tagen ist das Papier zernagt, die Vereinigung vollzogen und die Schwarmneigung überwunden.

4.3.2 Der Saugling

Die Bildung eines Sauglings stellt real für das sich in Schwarmstimmung befindliche Volk einen Entzug von jüngster Brut und Ammenbienen dar. Zu diesem Zweck werden dem schwarmtriebigen Volk 3 Waben mit jüngster Brut und 2 Waben mit Pollen und Honig ohne Bienen entnommen und durch ausgebaute Waben ersetzt. Die entnommenen Waben werden in eine Leerzarge eingehängt, die freien Stellen durch Mittelwände aufgefüllt und über das Absperrgitter des schwarmtriebigen Volkes gesetzt. Nach 6 bis 8 Stunden hat die neue Einheit gewissermaßen so viel Bienen aus dem Volk herausgesaugt, dass sie entnommen und außerhalb des Flugkreises als Ableger aufgestellt werden kann. Hier ist der Saugling zu füttern und dafür Sorge zu tragen, dass er bald eine leistungsfähige Weisel erhält. Das schwarmtriebige Volk gibt nach diesem Aderlass seine Schwarmgedanken auf. Doch ist einschränkend zu bemerken, dass das Ziel nur erreicht wird, wenn sich der Schwarmtrieb am Anfang der Entwicklung befindet. Für stark schwarmtriebige Völker reicht dieser Aderlass nicht immer aus.

4.4 Das Umweiseln

Wenn auch die Weiseln erheblich älter (4 bis maximal 6 Jahre) als die Arbeitsbienen werden, kommt doch der Augenblick, wo die alte Weisel durch eine junge ersetzt werden muss. Doch gerade diesem Zeitpunkt sehen die meisten Imker mit einer gewissen Sorge entgegen, da noch immer eine große Anzahl junger Weiseln bei diesem Eingriff abgestochen werden. Wer die Imkerliteratur der letzten 50 Jahre kritisch durchsieht, wird feststellen, dass immer wieder in bestimmten zeitlichen Abständen neue sichere Verfahren der Umweiselung beschrieben werden. Dies ist aber ein untrügliches Zeichen dafür, dass das Optimalverfahren noch nicht gefunden wurde. Besonders hohe Weiselverluste treten auf, wenn während der Trachtsaison eine eierlegende alte Weisel durch eine junge ersetzt werden soll. Dies hat dazu geführt, dass eine Reihe von Imkern auf einen Weiselaustausch zu diesem Zeitpunkt verzichten [Bruder ADAM 1969, PFEFFERLE 1990]. Auch wir haben nach vielen Rückschlägen auf den direkten Weiselaustausch während der Trachtsaison verzichtet. Leider werden gerade jetzt die jungen Weiseln zum Kauf angeboten bzw. kommen die Weiseln im EWK von den Belegstellen zurück. Trotzdem raten wir aufgrund unserer schlechten Erfahrungen von dem direkten Weiselaustausch ab. Wenn wir zu diesem Zeitpunkt ein paar Weiseln beziehen, was auch vorkommt, bilden wir mit ihnen Kunstschwärme (siehe Kapitel 4.1), da bei diesem Verfahren die Weiseln mit fast hundertprozentiger Sicherheit angenommen werden.

Trotzdem haben sich gerade bei der Magazinimkerei einige Verfahren der Umweiselung herausgebildet, die dem Imker mit einer erträglichen Sicherheit den Weiselaustausch ermöglichen. Es sei jedoch vorausgeschickt, dass alle diese Verfahren einen relativ hohen Arbeitsaufwand erfordern.

4.4.1 Weiselaustausch nach Bruder ADAM im März

Bruder ADAM (1969) geht davon aus, dass eine junge Weisel nicht gleich ihre volle Leistung erbringen kann und zum Teil noch sehr nervös und schreckhaft reagiert. In diesem Zustand werden sie von den Bienen eines Volkes, das bisher eine alte eierlegende Weisel besaß, nicht akzeptiert und abgestochen. Nach seinen Erfahrungen muss eine Weisel mindestens einen, besser zwei Monate in Eiablage sein, ehe sie ihre volle Leistungsfähigkeit erreicht und von den Bienen akzeptiert wird. Aus diesem Grund weiselt er seine Völker erst im März des folgenden Jahres in der Form um, dass die alte Weisel entnommen und die junge Weisel in einem speziellen Käfig von 9 cm x 2,5 cm x 1,3 cm mit einem Schlupfloch von 8 mm unter Futterteigverschluss zwischen zwei Waben zugesetzt wird. Nach seinen Erfahrungen werden die Weiseln zu diesem Zeitpunkt bis auf wenige Ausnahmen angenommen. Nachteilig an diesem Verfahren ist jedoch, dass die Weiseln in kleinen Spezialeinheiten von 4 Dadanthalbwaben überwintert werden müssen.

4.4.2 Das Rotationsprinzip nach PFEFFERLE

Um Weiselverluste zu vermeiden, entwickelte PFEFFERLE (1990) das Rotationsprinzip und verzichtete gänzlich auf das Umweiseln. Die Weiseln werden in Dreiwabenkästen im Standmaß angezogen (siehe Kapitel 4.1). Nach der Begattung werden die Kernvölker auf eine Jungvolkstation gebracht und bis zum September zu 20 Zanderwaben umfassende Ersatzvölker herangebildet. PFEFFERLE (1990) bezeichnet diese Jungvölker als die Rennpferde für die nächste Saison. Nach Abschleuderung der letzten Tracht werden die umzuweiselnden Völker vor dem Stand abgefegt und durch die Ersatzvölker (Rotation) ersetzt. Die beim Abfegen anfallenden Brutwaben und Jungbienen werden auf die restlichen Völker des Standes verteilt.

Wir haben das Rotationsprinzip eine Reihe von Jahren mit Erfolg angewandt. Doch entsteht mit dem Abfegen der Altvölker eine nicht zu unterschätzende Arbeitsspitze, die von einem Berufsimker besser bewältigt werden kann, als von dem Nebenerwerbsimker, dem nur die Wochenenden für sein Hobby zur Verfügung stehen. Aus diesem Grund wenden wir heute das Rotationsprinzip nur bei einem Teil der Völker an, um neben Ersatzvölker noch Brutwaben und Jungbienen zum Verstärken schwacher Völker zu bekommen.

4.4.3 Weiselaustausch mit einer Umweiselungseinheit

Bei unserer Suche nach einer einfachen und sicheren Umweiselung stießen wir bei ZANDER/BÖTTCHER (1982) auf zwei Hinweise, die Zeitungspapiermethode und die schnelle Vereinigung, die uns für die Entwicklung eines solchen Verfahrens geeignet erschienen. So entstand unser Weiselaustausch mit einer Umweiselungseinheit. Wir möchten jedoch an dieser Stelle darauf hinweisen, dass die Anzahl der hiermit vorgenommenen Umweiselungen noch nicht ausreichen, dies als ein absolut sicheres Verfahren zu bezeichnen, auch wenn bis jetzt keine Fehlschläge aufgetreten sind. Wir erinnern hier warnend an die siebziger Jahre des vorigen Jahrhunderts, wo eine Umweiselung mit 96-prozentigem Alkohol propagiert wurde. Überall kam Begeisterung ob des einfachen und sicheren Verfahrens auf. Doch dann traten in einem Jahr starke Rückschläge auf und das Verfahren war kein Thema mehr. Deshalb fordern wir die Magazinimker auf, das hier vorgestellte Verfahren zu erproben und ihre Ergebnisse zu veröffentlichen.

Im Kapitel 4.2 haben wir erläutert, wie wir aus dem Kernvolk im Dreiwabenkasten eine einzargige Umweiselungseinheit mit einer jungen Weisel entwickeln. Diese Einheit wird auf dem Stand aufgestellt und verbleibt dort bis die letzte Schleuderung bei den Ertragsvölkern erfolgt ist. Die Ertragsvölker, die für eine Umweiselung vorgesehen sind, erhalten keinen Futterstoß und bestehen jetzt aus den zwei Brutraumeinheiten.

An einem sonnigen Vormittag wird ein umzuweiselndes Volk von seinem Bodenbrett genommen, letzteres entfernt und es selbst zu einer Umweiselungseinheit gebracht. Hier wird das Volk auf das Bodenbrett der Umweiselungseinheit gesetzt, über die obere Zarge ein Bogen Papier mit ca. 20 Löchern gelegt und die Umweiselungseinheit oben aufgesetzt. Die 3 Zargen werden oben mit einer Leerzarge, die Flüssigfutter oder Futterteig enthält, abgeschlossen. Bei der beschriebenen Prozedur achten wir darauf, dass die beiden Bodenbretter (umzuweiselndes Volk und Umweiselungseinheit) verschiedenfarbig sind. Die Flugbienen des umzuweiselnden Volkes sollen so schnell als möglich abfliegen und durch den anderen Stellplatz und das fremde Bodenbrett nicht wieder zu ihrem neuen Stellplatz zurückfinden. Da sie ihr Volk nicht vorfinden, betteln sie sich bei den Nachbarvölkern an.

Die Flugbienen der Umweiselungseinheit, die zu diesem Zeitpunkt nicht in der Zarge sind, erkennen ohne Schwierigkeit ihr angestammtes Bodenbrett und gehen in das Volk ein. Hier stoßen sie auf die fremde Weisel und stechen diese ab. Eine ähnliche Wirkung hat die Futtergabe. Sie veranlasst die in der Umweiselungseinheit befindlichen Flugbienen auszufliegen. Sie durchnagen das Papier und kommen dabei mit den Bienen des umzuweiselnden Volkes in Berührung. Das Pheromon der jungen Weisel beginnt im gesamten Volk zu kreisen. Treffen auf ihrem Weg zum Flugloch die Flugbienen auf die alte Weisel, so fällt sie ihrem Stachel zum Opfer. Die junge Weisel sitzt jedoch, von ihren Bienen umgeben, sicher in der oberen Einheit.

Nach einer relativ kurzen Zeit der Unruhe, kehrt in den jetzt aus 3 Zargen bestehendem Volk wieder Ruhe ein und beide Volkteile vereinigen sich beim Abtragen des Futters. Die Fütterung wird in der nächsten Zeit fortgesetzt bis die erforderliche Menge an Winterfutter verabreicht ist. Hierbei drückt die sich bildende Futterglocke die Brut allmählich in die mittlere Zarge. Der Rückgang der Brut bewirkt ferner, dass die untere Zarge brutfrei wird und von den Bienen nur noch als Durchgangszarge benutzt wird. Sie kann Ende September/Anfang Oktober entnommen werden, so dass wir dann ein starkes überwinterungsfähiges Zweizargenvolk mit einer jungen Weisel besitzen.

5. Honiggewinnung

Früher, zur Zeit der Korb- und Stabilbauimkerei, wurde der Honig auf sehr unterschiedliche Weise und zu ganz bestimmten Zeiten geerntet. Eine, zum Teil heute noch betriebene Art, ist die Gewinnung von Honig im jungen Wabenbau (Jungfernwachs). Der Honig wurde zusammen mit dem Jungfernwachs als Scheibenhonig verzehrt. Da diese Art der Honiggewinnung nur noch im verschwindend geringen Maß betrieben wird, soll auf sie nicht besonders eingegangen werden. Heute wird bei uns fast aller Honig durch das Schleudern (Zentrifugieren) gewonnen, wobei der Wabenbau weitgehend geschont wird. Eine uns bekannte Ausnahme stellt die Gewinnung von Heidehonig in der Bukfast-Abtei in England dar, wo der Heidehonig mittels einer großen Presse unter Zerstörung des Wabenwerkes gewonnen wird [Bruder ADAM 1969].

Während früher die Honigernte nur zu bestimmten Zeiten möglich war, wie nach der Heideblüte bei der Korbimkerei oder im Frühjahr als Überschuss vom vergangenen Jahr bei der Stabilbauimkerei, legen wir heute Wert auf die Gewinnung von Sortenhonigen. Dies erfordert mehrere Honigernten im Jahr, jeweils am Ende der einzelnen Tracht.

5.1 Die Honigreife

Die Honigwaben dürfen erst entnommen werden, wenn der Honig vollständig reif ist und seine Lagerfähigkeit erreicht hat. Dies ist bei den meisten Honigen der Fall, wenn sein Wassergehalt unter 18 % gesunken ist. Der Honig hat auf alle Fälle seine Lagerfähigkeit erreicht, wenn die Bienen die Waben voll verdeckelt haben. Besonders ist darauf zu achten, dass der in feuchten Frühjahren eingetragene Honig voll verdeckelt ist.

Der oft geäußerten Meinung, dass Rapshonig vor dem Verdeckeln der Waben geschleudert werden muss, weil er sonst in den Zellen auskristallisiert, können wir uns nicht anschließen. Seit über 70 Jahren wird in unserer Imkerei Rapshonig geschleudert und es ist uns kein Jahr bekannt, in dem der Honig in den Zellen auskristallisierte. Wir sehen in dieser Äußerung nur eine Entschuldigung für das Zwischenschleudern während der Rapstracht, wie es von Imkern mit zu kleinen Honigräumen in vielen Hinterbehandlungsbeuten getätigt wird, um die Fülle des angebotenen Nektars der Rapsfelder mit den zu kleinen Beuten bergen zu können. Magazinimker können durch Erweiterung des Honigraumes die Reife des Honigs abwarten und auf eine Zwischenschleuderung verzichten.

In den trockenen Sommermonaten reifen die Honige schneller, so dass mit der Ernte begonnen werden kann, wenn die Waben zu $^{2}/_{3}$ verdeckelt sind. Besonders trifft dies für die Blatt-, Nadel- und Heidehonige zu, die wegen ihrer zähen Konsistenz früher geschleudert werden müssen (siehe Kapitel 5.3.3 ‚Der Schleudervorgang'). Im Zweifelsfall kann der Honig als schleuderreif angesehen werden, wenn er beim Stoß mit der Hand nicht mehr aus den Waben spritzt.

5.2 Entnahme der Honigwaben

Ein Erbe der Hinterbehandlungsbeuten ist es, die Waben einzeln zu entnehmen und die Bienen abzustoßen oder abzufegen. Vor diesem Verfahren können wir nur warnen, da die Bienen von den freistehenden Magazinen nicht wie im Bienenhaus abfliegen. Besonders bei der Entnahme der Waben gegen Ende der Tracht sind wir ständig von Näschern umgeben, die auf Räuberei aus sind. Wir bezeichnen ein solches Vorgehen als die „Eselei, die jeder Räuberei vorausgeht".

Desgleichen möchten wir vor dem Einsatz von Chemikalien warnen, mit deren Hilfe die Bienen aus der Zarge vertrieben werden. Während früher mit Karbolsäure gearbeitet wurde, werden heute Buttersäureanhydrid und Bittermandelöl empfohlen. Trotzdem kann es bei noch so vorsichtigem Arbeiten dazu kommen, dass der Honig den Geschmack der Chemikalie annimmt, was fast immer der Fall ist, wenn das mit der Chemikalie getränkte Tuch mit den Oberträgern der Rähmchen in Berührung kommt.

In den USA existiert ein Verfahren bei dem die Bienen durch ein Gebläse aus der Zarge geblasen werden [ZANDER/BÖTTCHER 1982]. Obwohl hier keine Erfahrungen mit diesem Gerät vorliegen, soll es nicht unerwähnt bleiben.

Die besten Erfahrungen haben wir mit den Bienenfluchten gemacht, wobei es egal ist, ob mit Porterbienenfluchten, Legabienenfluchten und solchen mit 8 Ausgängen gearbeitet wird. Wichtig ist nur, dass sich keine Brut in den Honigraumzargen befindet. Die Bienenfluchten sind in eine Sperrholz- oder Hartfaserplatte eingelassen, mit deren Hilfe die Brutraumzarge (n) von den Honigraumzargen getrennt werden. Bald nach der Trennung tritt bei den Bienen des Honigraumes ein Pheromonmangel auf. Bei dem Suchen nach einem Ausgang treffen sie auf eine durchlöcherte Stelle an den Bienenfluchten, durch die sie Kontakt zu den Bienen im Brutraum aufnehmen. Sie drängen sich sehr stark an dieser Stelle, wobei die Randbienen durch einen oder mehrere Gänge in die Brutraumzargen gedrückt werden. Da sie den Rückweg nicht finden, sind nach einer gewissen Zeit die Zargen bienenfrei und können entnommen werden. Im Frühjahr sind hierfür 24 Stunden, im Spätsommer sind 36 Stunden erforderlich.

Wichtig ist bei der Abnahme, dass zügig gearbeitet wird und die Zargen mit den Honigwaben im Auto oder Hänger bienensicher verladen werden. So gelingt die Honigwabenentnahme ohne Stiche und Aufregung der Völker. Der Ausbruch einer Räuberei im Spätsommer ist dabei nahezu ausgeschlossen.

5.3 Das Schleudern der Honigwaben

Im Kapitel 5.3 werden alle Arbeitsgänge, die für die Schleuderung erforderlich sind zusammengefasst.

5.3.1 Das Zwischenlagern der Honigwaben

Nach dem Abtransport der Zargen mit den Honigwaben vom Bienenstand werden diese in einem Lagerraum abgestellt. Um zu vermeiden, dass die Waben zu sehr auskühlen und der Zähigkeitsgrad des Honigs zunimmt, sollte dieser Raum eine Temperatur von mindestens 20° C haben. Die Zargen sind nicht exakt übereinander zu stapeln, sondern etwas versetzt aufeinander zu setzen, wobei von unten und oben Luft herantreten kann. Das Umspülen der Waben mit der warmen Luft verhindert das Auskühlen der Waben.

5.3.2 Das Entdeckeln der Waben

Bevor der eigentliche Arbeitsgang, das Schleudern, eingeleitet wird, müssen die Waben entdeckelt werden. Zu diesem Zweck werden die Waben auf ein Entdeckelungsgeschirr oder einen speziellen Entdeckelungstisch gesetzt und mit einer Entdeckelungsgabel oder einem Messer entdeckelt. Der Handel hält hier eine Reihe von Entdeckelungsgeschirren und Entdeckelungsgeräten bereit, so dass sich jeder Imker ein ihm passendes Gerät auswählen kann. In Großimkereien werden heute mechanische Entdeckelungsgeräte angeboten, so dass die Arbeit zügig voranschreiten kann.

Die entdeckelten Waben werden auf eine spezielle Ablage gestellt, damit der abtropfende Honig nicht verloren geht und von hier in die Schleuder gesetzt.

Das Entdeckelungswachs wird in ein Auffanggefäß des Entdeckelungsgeschirrs abgelegt. Der ihm anhaftende Honig kann nach dem Sieben desselben genau so wie der geschleuderte Honig verwertet werden. Das Entdeckelungswachs wird danach ausgewaschen, eingeschmolzen, verkauft oder zu Mittelwänden umgearbeitet.

Eine andere Verwertungsmöglichkeit ist der Einsatz als Kauwachs. Das honigfeuchte Entdeckelungswachs wird in Gläser abgefüllt, abgewogen und an Interessenten verkauft. Kenner schätzen seine erkältungshemmende Wirkung.

5.3.3 Der Schleudervorgang

In den sechziger Jahren des 19. Jahrhunderts wurde die Honigschleuder von dem österreichischen Major von Hruschka erfunden. Durch die schnelle Umdrehung der Waben wird der Honig mittels Fliehkraft aus den Waben geschleudert. Es würde zu weit führen, an dieser Stelle die unterschiedlichsten Schleudersysteme zu kommentieren. Interessenten sollten sich bei den Spezialbetrieben beraten lassen, die beinahe für jede Größe der Imkerei Schleudern auf Lager haben.

Nach dem Schleudern läuft der Honig aus einem Quetschhahn aus der Schleuder in eine Auffangkanne. Der nächste Arbeitsgang ist das Sieben des Honigs, um ihn von den Wachsteilchen zu befreien. Bei kleineren Schleudern legt man zweckmäßigerweise ein Doppelsieb (oben: Grobsieb; unten: Feinsieb) über die Auffangkanne und lässt den Honig durch die Siebe laufen. Bei größeren Schleudern kommen spezielle Siebsysteme zum Einsatz, deren Vorteil es ist, dass sie sich nicht zu schnell mit Wachspartikeln zusetzen. Alle uns bekannten Systeme arbeiten nach dem gleichen Prinzip: Grobsieb und Feinsieb. Danach wird der Honig zum Klären in Hobbok's umgefüllt.

5.4 Honigpflege

Beim Schleudern lässt es sich nicht vermeiden, dass Luft in den Honig gelangt, die in Form von kleinen Luftbläschen an die Oberfläche des Honigs in dem Hobbok steigt. Deshalb muss der Honig in den nächsten 3 Tagen mit Hilfe eines Schabers von der sich an der Oberfläche bildenden schaumigen Schicht befreit werden. Nach ca. 3 Tagen ist die Luft aus dem Honig entwichen, so dass nun mit der weiteren Bearbeitung begonnen werden kann.

Da der Honig zum größten Teil aus Invertzucker (Fruchtzucker und Traubenzucker) besteht, kristallisiert er nach einer bestimmten Zeit zu einer nicht streichfähigen, harten Masse aus. Je nach dem Anteil an Traubenzucker kann dieser Vorgang eine unterschiedlich lange Zeit beanspruchen. Der traubenzuckerreiche Rapshonig kann schon nach 8

Tagen und der traubenzuckerärmere Akazienhonig erst nach mehreren Monaten auskristallisieren.
Um unseren Kunden ein streichfähiges Produkt bieten zu können, muss der Honig durch Rühren streichfähig gehalten werden. Hierzu gibt es die unterschiedlichsten Geräte, weshalb man sich vom Fachhandel beraten lassen sollte. Nach dem Abschäumen sollten die schnell auskristallisierenden Honige jeden Tag eine Viertelstunde gerührt werden. Schon nach wenigen Tagen zeigt sich beim Rühren des Honigs eine grau schimmernde Wolke hinter dem Rührgerät. Jetzt ist der Honig reif und kann in Gläser abgefüllt werden. Zweifellos ist dies die beste Vorgehensweise, da der Honig bis zum Abfüllen keiner weiteren Prozedur, wie das Erwärmen, unterworfen werden muss.
Größere Imkereien sind oft aus zeitlichen Gründen nicht in der Lage, diesen Weg zu gehen. Hier muss der Honig nach dem Rühren in den Hobboks auskristallisieren. In den arbeitsärmeren Zeiten des Herbstes oder Winters muss dann der Honig wieder verflüssigt werden. Dabei ist zu beachten, dass der Honig nicht über 40° C erwärmt werden darf, da sonst Enzyme und Fermente zerfallen und der Honig nicht mehr naturbelassen ist. Auch hierzu hat die Industrie eine Reihe von Geräten entwickelt, die im Fachhandel angeboten werden. Hierbei wird zwischen Geräten, die in den Honig eintauchen und sogenannten Auftauschränken unterschieden, so dass der Imker das für ihn passende Gerät auswählen kann.
Nach dem Verflüssigen des Honigs wird dieser noch ein- bis zweimal vorsichtig gerührt und in Gläser abgefüllt. Beim Rühren ist darauf zu achten, dass keine Luft in den Honig eingerührt wird. Da sich der Honig wieder schnell verfestigt, kann die Luft nicht mehr aus dem Honig entweichen und er erhält eine schaumige Konsistenz. Ein solcher Honig wird als überrührt bezeichnet und kann nur als Backhonig verwendet werden.
Etwas schwieriger sind die langsam auskristallisierenden Honige, z.B. Akazienhonig, zu behandeln, da der Zeitpunkt des Auskristallisierens

nicht bekannt ist. Um trotzdem einen streichfähigen Honig zu erzeugen, werden die Honige geimpft, um den Kristallisierungsprozess zu beschleunigen. Zu diesem Zweck werden 25 kg eines langsam kristallisierenden Honigs, z.B. Akazienhonig, mit 500 g eines schnell kristallisierenden Honigs, z.B. Rapshonig, vermischt. Letzterer muss vorher vorsichtig verflüssigt und durch Rühren gut mit dem Akazienhonig vermischt werden. Danach sollte der Honig täglich 15 Minuten gerührt werden, bis die bereits erwähnte grau schimmernde Wolke anzeigt, dass der Honig in Gläser abgefüllt werden kann.

Auch eine richtige Aufbewahrung des Honigs gehört mit zur Honigpflege. Wenn auch der in den Hobboks oder Gläsern luftdicht verschlossene Honig beinahe unbegrenzt haltbar ist, sind muffige, feuchte Kellerräume für eine Honigaufbewahrung ungeeignet. Am besten eignen sich Räume mit einer Temperatur von 15 bis 20° C und einer sehr geringen Luftfeuchtigkeit. Werden vorwiegend Gläser gelagert, so empfiehlt es sich, den Raum abzudunkeln, da grelles Licht die Zersetzung des Honigs beschleunigt.

5.5 Die Behandlung zäher Honige

Das Schleudern zäher Honige bereitet fast immer Schwierigkeiten, da sie nur schwer aus den Waben zu entfernen sind. Während das Schleudern des Heidehonigs noch relativ gut gelingt, bereitet die Gewinnung des Melizitosehonig (Lärchenhonig) größere Schwierigkeiten. Bei beiden Honigsorten gilt es nach der Entnahme der Waben aus dem Bienenstock, das Auskühlen der Waben zu verhindern. Deshalb sollen die Waben in einem Raum mit einer Temperatur von 30 bis 35° C zwischengelagert werden. Auch der Schleuderraum sollte eine Temperatur von ca. 25° C aufweisen.

5.5.1 Das Schleudern von Heidehonig

Die Waben mit Heidehonig werden ganz normal entdeckelt und danach mit einer Heidehoniglösmaschine behandelt. Das Grundprinzip aller im

Handel angebotenen Lösmaschinen besteht darin, dass relativ dichte Edelstahlnadeln langsam in die Zellen der Waben eingedrückt werden, wodurch sich der Honig in den Zellen lockert. Dieser Vorgang wird als Stippen bezeichnet. Erst danach werden die Waben ausgeschleudert. Sollte ein größerer Rest an Honig nach dem Schleudern noch in den Waben verbleiben, müssen die Waben ein zweites Mal gestippt und geschleudert werden. In der Regel sind nach diesem zweiten Gang die Waben ausgeschleudert.
Da der Heidehonig eine gallertartige Konsistenz besitzt, läuft er sehr zähflüssig aus der Schleuder. Um diesen Ablauf etwas zu beschleunigen, kann eine elektrische Heizplatte unter die Schleuder gestellt werden. Es ist aber darauf zu achten, dass sich der Boden der Schleuder nicht über 40 ° C erhitzt.
Weiter ist zu beachten, dass der zähflüssige Honig nicht durch das Feinsieb läuft. Deshalb wird bei dieser Schleuderung nur mit einem Grobsieb gearbeitet. Feinere Wachspartikel, die das Grobsieb passieren, steigen in den nächsten Tagen im Hobbok auf und müssen abgeschöpft werden. Erst wenn die Oberfläche des Honigs klar bleibt, ist der Zeitpunkt des Abfüllens in Gläser gekommen. Bezüglich der Lagerung unterscheidet sich der Heidehonig nicht von den anderen Honigsorten.

5.5.2 Das Schleudern von Melizitosehonigen

Melizitosehonige gehören zu der Gruppe der Lachnidenhonige und werden von den Bienen vorwiegend an Lärchennadeln gesammelt. Diese Honige sind in ihrer chemischen Grundstruktur anders aufgebaut als Frucht- und Traubenzucker. Letztere gehören zu Gruppe der Hexosen (besitzen 6 Kohlenstoffatome), während der Medizitosehonig zur Gruppe der Pentosen (besitzen 5 Kohlenstoffatome) gehört. Rein theoretisch können sie auch von Diabetikern genossen werden, denn eine Reihe von Zuckeraustauschstoffen in speziell für Diabetiker hergestellte Nahrung bestehen aus Pentosen. Doch Vorsicht! Die Bienen tragen nicht

nur reinen Melizitosehonig ein, so dass hier auch Hexosen auftreten können, die der Diabetiker nicht zu sich nehmen darf.
Die unangenehmste Eigenschaft der Melizitosehonige ist, dass sie schon nach ein bis zwei Tagen in den Waben auskristallisieren und sich in diesem Zustand nicht schleudern lassen. Deshalb wird er auch von den Imkern als ‚Zementhonig' bezeichnet. Auch die Bienen haben Schwierigkeiten mit diesem ‚Zementhonig', da sie ihn nur unter Zusatz von Wasser aus den Zellen holen können. Da sie jedoch im Winter nicht ausfliegen können und vom Wasser abgeschnitten sind, steht ihnen im Winter der Melizitosehonig nicht zur Verfügung. Er muss deshalb unbedingt aus dem Winterfutter entfernt werden, wenn man es nicht riskieren will, dass die Völker im Winter verhungern.
Im Laufe der Jahre haben sich einige Verfahren herausgebildet, mit denen der Milizitosehonig aus den Waben herausgeholt werden kann. Am einfachsten ist es, wenn der Imker den Trachtbeginn richtig erfasst und alle 2 Tage die Waben ausschleudert. Doch eine solche Vorgehensweise erfordert eine genaue Kenntnis der örtlichen Trachtverhältnisse und genügend Zeit.
In der Regel wird man das Eintragen von Melizitosehonig erst dann bemerken, wenn der Honig nicht mehr geschleudert werden kann. Dann sollten die Waben gestippt, anschließend in Wasser getaucht und zurück in das Volk gehängt werden. Dabei ist darauf zu achten, dass die Melizitosewaben zwischen 2 Leerwaben gehängt werden. Die Bienen beginnen jetzt den Melizitosehonig in die Leerwaben umzutragen, so dass diese alle 2 Tage geschleudert werden können. Wird der Honig nicht restlos umgetragen, sind die Waben mit dem Melizitosehonig nochmals zu stippen, in Wasser zu tauchen und erneut zwischen Leerwaben zu hängen. Bei diesen hat sich die im Handel erhältliche Igelwalze beim Stippen gut bewährt [ZANDER/BÖTTCHER 1982].
1977 erzielte GRAZE mit der in Norwegen entwickelte Heidehoniglösmaschine beste Ergebnisse. Selbst bei Waben mit extrem festen Melizitosehonig wurden Ausbeuten von 70 % bis 100 % erzielt. Die Waben wur-

den nicht entdeckelt in die Maschine gegeben, deren Kunststoffstifte gleichzeitig auf beiden Seiten in die Zellen eindringen. Danach lassen sich die Waben gut ausschleudern. Der Einsatz dieser Maschine ist sehr rationell, da man sich das Entdeckeln sparen kann und somit einen brauchbaren Arbeitsfortschritt erzielt.

6. Krankheiten, Schädlinge und Vergiftungen der Honigbiene

Es hat sich allgemein eingebürgert, gesundheitliche Beeinträchtigungen der einzelnen Bienen und des Bienenvolkes in Befall von Krankheitserregern, Schädlingsbefall und Vergiftungen zu unterteilen, wenn auch diese Unterscheidung nicht in jedem Fall eindeutig ist. So wird z.B. die Maikrankheit gewohnheitsmäßig als Krankheit bezeichnet, obwohl es sich streng genommen um eine Vergiftung handelt. Der Umfang dieses Spezialgebietes ist so groß, dass seine Behandlung an dieser Stelle den Rahmen des Werkes sprengen würde. Aus diesem Grund werden nur die wichtigsten Gefahren des Bienenvolkes gestreift. Interessenten werden deshalb an die Spezialliteratur verwiesen, z.B. BORCHERT (1966) und SEIFERT (1966).

Trotzdem möchten wir an dieser Stelle unsere Auffassung zum Krankheitsbefall der Honigbiene und deren Bekämpfung in wenigen Sätzen umreißen. Die Biene hat in den Millionen von Jahren, in denen sie die Erde bevölkert, gezeigt, dass sie in der Lage ist, den Krankheitserregern einen wirksamen Widerstand entgegen zu setzen und zu überleben. Diese Eigenschaft ist ein so wertvolles Gut, dass wir es nicht durch einen gedankenlosen Einsatz von Medikamenten zerstören sollten. Welche Möglichkeiten zur Bekämpfung, selbst von Epidemien, im Bienenvolk stecken, möge uns die Überwindung des Befalls durch Tracheenmilben zeigen. Zu Beginn des 20. Jahrhunderts vernichtete die Tracheenmilbe den größten Teil der englischen Bienenvölker. Sie griff auch nach Deutschland über und hielt sich als anzeigepflichtige Bienenseuche bis Ende der siebziger Jahre im Osten Deutschlands. Während in England die Tracheenmilbe durch Züchtung einer neuen Bienenrasse, der Buckfast-Biene durch BRUDER ADAM, überwunden wurde, selektierten sich in Ostdeutschland milbenresistente Bienenstämme heraus, dass die Anzeigepflicht der Seuche aufgehoben werden konnte. Wir begrüßen daher die Bestrebungen der Bieneninstitute Deutschlands, den Varroamilbenbefall durch die Zucht einer resistenten Biene zu überwinden. Der Einsatz von Medikamenten in der Imkerei muss auf die Fälle beschränkt bleiben, wo er ohne Bedenken getätigt werden kann bzw. er die ultimo ratio darstellt, wie zur Zeit bei der Varroamilbe.

6.1 Bienenkrankheiten

Es hat sich eingebürgert, von Krankheiten der Biene und solchen der Bienenbrut zu sprechen.

6.1.1 Krankheiten der Honigbiene

Von den Krankheiten, die die Honigbiene direkt betreffen, sollen hier nur die Nosematose, die Maikrankheit, die Ruhr und die Schwarzsucht behandelt werden.

6.1.1.1 Nosematose

Die Nosematose oder das Frühjahrssterben wird durch ein Protozon namens Nosema apis Zander hervorgerufen. Die Biene nimmt die Spore (Dauerform) der Nosema durch das Futter oder Wasser auf. Im Mitteldarm der Biene keimt die Spore aus und vermehrt sich schnell in den Darmzellen der Biene. Hierdurch leidet die Verdauung der Biene, insbesondere kann sie kaum noch Futtersaft produzieren und fällt so bei der Pflege der Brut aus. Des weiteren scheidet sie laufend Nosemasporen mit dem Kot aus und trägt so zur Verbreitung der Nosema bei.

Bedingt durch die kurze Lebenszeit der Sommerbienen treten während der Trachtperiode nur wenige befallene Bienen auf. Die lange Winterperiode ist dagegen ideal für die Ausbreitung der Nosema, so dass wir den höchsten Anteil an befallenen Bienen im Frühjahr vorfinden. Ist der Wit-

terungsverlauf des Frühjahrs ungünstig mit mehreren Kälteeinbrüchen, sind die geschädigten Bienen nicht mehr in der Lage, die erforderliche Temperatur von 36 ° C zu erzeugen, so dass das Volk zusammenbricht.
Für den Imker ist es schwer, den Verlauf der Krankheit zu prognostizieren. Ein Befall der Bienen im Winter und zeitigen Frühjahr sagt noch nichts über den weiteren Verlauf der Krankheit aus. Es müssen noch belastende Außenfaktoren, wie Witterungseinbrüche oder krasse Fehler des Imkers hinzukommen, um den Ausbruch der Seuche hervorzurufen. Deshalb ist die Fluglochbeobachtung sehr wichtig, da hier erste Anzeichen der Nosema sichtbar werden. Völker, die nur schwach fliegen und in der Entwicklung stagnieren sind höchst verdächtig. Wird das Flugloch und die Vorderwand der Beute während eines Kälteeinbruches bekotet, liegt mit fast hundertprozentiger Sicherheit Nosematose vor.
Werden diese Anzeichen an einem Stand festgestellt, sind die herrschenden hygienischen Verhältnisse zu überprüfen, an Stelle zu Medikamenten zu greifen. Die Medikamente können wohl den Erreger aber nicht seine Sporen (Dauerform) abtöten. Wie die Erfahrung lehrt, bricht die Nosematose nach einer erfolgreichen Medikamentenbehandlung immer wieder aus, da die Infektionsquellen nicht beseitigt wurden. Solche Infektionsquellen können sein:

1. <u>eine genetisch bedingte Anfälligkeit</u>

Deshalb müssen nosematoseanfällige Völker von der Vermehrung ausgeschlossen bleiben. Gegebenenfalls ist eine Umweiselung mit Weiseln aus weniger anfälligen Linien zu empfehlen.

2. <u>Arbeiten mit überalterten, oft bebrüteten Wabenmaterial</u>

In solchen Waben verbirgt sich ein hoher Anteil an Nosemasporen, so dass in diesem Fall eine Infektion im Stock selbst erfolgt (Imkerfehler). Durch Bauenlassen und der Schaffung neuen Wabenmaterials kann diese Infektionsquelle ausgeschaltet werden.

3. Infektion durch die Wasserstelle

Kleine stehende Gewässer und Pfützen in unmittelbarer Nähe des Bienenstandes sind oft Infektionsquellen, da die Bienen hier besonders während des Reinigungspfluges ihren Kot mit den Nosemasporen absetzen (Imkerfehler). Eine Bienentränke in der Nähe des Bienenstandes, die nicht durch Bienenkot verunreinigt werden kann, schaltet die genannte Infektionsquelle aus.

4. Infektionsförderung durch eiweißhaltiges Reizfutter im Frühjahr (Imkerfehler)

Es gibt immer noch Imker, die glauben, auf eine Frühjahrsreizung mit Zucker und Eiweiß nicht verzichten zu können. Als besonders nosemafördernd haben sich Zucker-Eiweiß-Futterteige erwiesen, da sich sein Eiweißüberschuss im Bienenfutter stark fördernd auf die Nosema auswirkt [SEIFERT 1966].

Zusammenfassend ist festzustellen, dass die Nosematose durch die genannten hygienischen Maßnahmen und einer natürlichen Pollenversorgung, auch ohne Medikamente, beherrschbar ist.

6.1.1.2 Maikrankheit

Bei der Maikrankheit handelt es sich um eine Vergiftung durch frischen Pollen, insbesondere von Löwenzahnpollen. Die Vergiftung bewirkt, dass sich im Enddarm der Biene ein Kotpfropf bildet, der den Bienenkörper nur schwer verlassen kann. Die Bienen krabbeln zitternd und flugunfähig vor dem Stand herum. Nimmt man eine solche Biene auf und drückt leicht das etwas angeschwollene Abdomen, so tritt ein gelber Kotpfropfen aus dem After.

Die Bienen können leicht von dieser Verdauungsstörung befreit werden, in dem ihnen 1 Liter Zuckerlösung 1 : 1 pro Volk verabreicht wird. dieser kleine Futterstoß regt die Darmtätigkeit der Bienen so stark an, dass der Kotpfropf auf natürliche Weise abgeht.

Nach unseren Beobachtungen muss der Witterungsverlauf Anfang Mai eine Rolle spielen, denn die Maikrankheit bricht nicht regelmäßig jedes Jahr aus, so dass eine sichere Prognose über ihr Auftreten nicht gegeben werden kann.

6.1.1.3 Ruhr

Im Gegensatz zur Ruhr bei den Säugetieren, beruht die Bienenruhr auf eine Überlastung der Kotblase während der Wintermonate. Tritt die Überlastung vor dem Reinigungspflug ein, setzten die Bienen ihren Kot im Stock an den Wänden und auf den Waben ab. Dieser Zeitpunkt ist erreicht, wenn die Kotmasse 46 % des eigenen Körpergewichtes erreicht [SEIFERT 1966]. Die Bienen sind nach dem Abkoten im Stock nicht mehr in der Lage, die Stocktemperatur zu halten, so dass solche Völker nicht mehr zu retten sind, zumal sich noch zusätzlich Krankheitserreger in dem abgesetzten Kot befinden. Der Imker muss daher bestrebt sein, Situationen zu vermeiden, die zu einer Überfüllung der Kotblase führen. Solche Situationen sind:

1. <u>ungeeignetes Winterfutter,</u>

wie Roh- oder Schmutzzucker, Melasse, Bonbonabfälle und stark melizitosehaltige Honige. Die hier enthaltenen Stoffe können von den Bienen nicht verarbeitet werden und schlagen sich in Form von Rückständen in der Kotblase nieder.

2. <u>Störungen der Winterruhe</u>

Nicht jede Störung der Winterruhe führt zwangsläufig zum Ausbruch der Ruhr. So werden die rhythmischen Schwingungen vorbeifahrender Züge von Bienen ohne Schaden vertragen, wie Bienenstände neben Eisenbahnanlagen zeigen. Schäden rufen dagegen unrhythmische Erschütterungen hervor, die in unregelmäßigen Abständen auftreten, wie das Schlagen von Ästen an die Beuten bei starken Winden, die Versuche von Mäusen und Spitzmäusen während des Winters in die Beuten einzudringen oder die Versuche von Meisen und Spechten die Bienen durch Anklopfen zum Verlassen des Stockes zu veranlassen. Die Bienen nehmen diese Geräusche wahr und stürzen sich auf die Futtervorräte um ihre Honigblase mit Futter zu füllen. Hierdurch wird die Ordnung stark gestört, was sich besonders durch ein Absinken der Temperatur der Wintertraube bemerkbar macht. Letztere muss durch eine verstärkte Heizleistung nach dem Wiedereintreten der Ruhe wieder hergestellt werden. Die erhöhte Heizleistung bedingt wiederum höhere Rückstände in der Kotblase, was zum Ausbruch der Ruhr führen kann.

3. Überwinterung zu schwacher Völker

Es ist das Bestreben vieler Imker, eine gewisse Anzahl an Reserveweiseln zu überwintern. Hierbei wird oft übersehen, dass schwache Reserveableger eine viel höhere Heizleistung im Winter zum Erhalt der Stocktemperatur erbringen müssen, als kräftige Völker. Aus der höheren Heizleistung resultieren aber höhere Rückstände in der Kotblase, was zum Ausbruch der Ruhr führen kann.

4. Weisellosigkeit

Weisellose Völker sitzen sehr unruhig in der Wintertraube und suchen bei kurzfristigen Erwärmungen der Außentemperatur nach der Weisel. Dies führt zu einem höheren Futterverbrauch und kann zum Ausbruch der Ruhr führen.

Werden die hier aufgeführten Fehler vermieden, ist die Wahrscheinlichkeit eines Ausbruchs der Ruhr gering. Tritt sie trotzdem auf, so ist die Ursache zu suchen und abzustellen.

6.1.1.4 Schwarzsucht

Was unter dem Begriff Schwarzsucht zusammengefasst wird, kann ganz verschiedene Ursachen haben, wenn sich auch das Erscheinungsbild das Auftreten von schwarzen, haarlosen Bienen gleicht. SEIFERT (1966) führt 6 verschiedene Ursachen auf, wie Räuberei, Abarbei-

ten der Flugbienen, Waldtracht, Inzucht, Bakterienbefall, Ruß- und Rostpilze. Dies zeigt, dass sich die Ursachensuche schwierig gestalten kann und eventuell unter Hinzuziehen eines Tierarztes erfolgen muss.
Am häufigsten wurde die Schwarzsucht nach der Anwanderung einer lohnenden Waldtracht, besonders in großflächigen Fichten- und Tannenwäldern, beobachtet und auf Pollenmangel zurückgeführt, da die beiden Schattholzarten das Aufkommen einer artenreichen Bodenflora verhindern. Stellt ein Imker nach dem Anwandern einer Lachnidentracht die Schwarzsucht bei seinen Völkern fest, so kann er nur vorbeugend handeln. Er kann sich einen Standort suchen, wo die Fichten- bzw. Tannenwälder durch Waldwiesen oder Kahlflächen unterbrochen sind. Besonders Kahlflächen, egal ob sie natürlich durch Windwurf oder künstlich durch Kahlschlag entstanden sind, spielen für die Pollenversorgung der Bienen durch ihren Individuen- und Artenreichtum von Pflanzen der Bodenflora wie Hohlzahn, Weidenröschen, Fuchskreuzkraut, Greiskräuter, Fingerhut, um nur einige zu nennen, eine nicht zu unterschätzende Rolle.
Gelingt es nicht, Pollenversorgung und die Lachnidentracht in idealer Weise zu koppeln, muss der Imker die Pollenversorgung seiner Völker in dieser Trachtzeit verbessern, in dem er in Zeiten guter Pollenversorgung, z.B. Rapstracht, zwei Pollenwaben pro Volk als Reserve zurücklegt und dies kurz vor dem Anwandern der pollenarmen Lachnidentracht den Völkern zurückgibt. Auf diese Weise kann der Pollenmangel überbrückt und der Ausbruch der Schwarzsucht verhindert werden.

6.1.2 Brutkrankheiten

Von den bekannten Brutkrankheiten sollen an dieser Stelle die Faulbrut, die Sackbrut, die Kalk- und Steinbrut behandelt werden.

6.1.2.1 Faulbrut

Bei der Faulbrut werden zwei sehr ähnliche Formen, die bösartige (auch stinkende Faulbrut genannt) und die gutartige (auch Sauerbrut genannt)

Faulbrut, unterschieden. Da die genaue Unterscheidung nur auf mikroskopischem Weg möglich ist, sollen sie hier zusammen behandelt werden. Der Imker kann nur an Hand der Symptome den Verdacht äußern, dass eine Form der Faulbrut vorliegt. Die Differenzialdiagnose hat dann der Tierarzt zu veranlassen.

Beide Formen der Faulbrut sind anzeigepflichtig! Der Imker, der glaubt, an seinen Völkern die Symptome der Faulbrut gefunden zu haben, hat diesen Befund umgehend dem Kreistierarzt zu melden,, der dann die weiteren Maßnahmen anweist.

„Es ist keine Schande, die Faulbrut zu bekommen, aber sie zu verheimlichen ist eine schwere Straftat, da große Gebiete verseucht werden können!“

Der Erreger der bösartigen Faulbrut ist das Bakterium, Pacnib bacillus larvae, während bei der gutartigen Faulbrut mehrere Bakterienarten auftreten können [BORCHERT 1966]. In beiden Fällen ist eine Infektionsquelle vorhanden, an der Bienen die Sporen der Faulbruterreger aufnehmen und sie an die Bienenbrut bei der Fütterung weiter geben. Im Darm der Maden keimen die Sporen aus und vermehren sich sehr schnell.

Während bei der bösartigen Faulbrut die Maden in jedem Fall verdeckelt werden, kann bei der gutartigen Faulbrut der Befall schon an der Ringmade sichtbar werden. Sie kann eine gelbliche Färbung annehmen und verliert ihre Segmentierung, so dass sie einen aufgedunsenen Eindruck macht. Da an dem Befall mehrere Bakterienarten beteiligt sein können, kann der weitere Verlauf der Seuche sehr unterschiedlich sein. Die Maden können sich zu einer zähen, breiigen und übelriechenden Masse auflösen oder sie werden zu einer milchkaffeeartigen schleimigen Masse. Oft werden die kranken Maden noch verdeckelt, ehe sie absterben. Da bei beiden Arten der Faulbrut die verdeckelten Maden nicht mehr schlüpfen können, bleiben sie nach dem Schlupf der gesunden Maden auf der Wabe mit deutlich eingefallenen Deckel zurück. Dies muss dem Imker ein verdächtiges Anzeichen sein, was er dem Tierarzt vorlegen muss.

Da die Arbeitsbienen die befallenen Maden sehr schnell aus den Zellen entfernen, kann es vorkommen, dass der Imker den Befall erst sehr spät zu Gesicht bekommt. Die Bienen beseitigen die befallenen Maden, in dem sie dieses sporenverseuchtes Material entfernen, ohne dass sie selbst erkranken. Die Sporen keimen zwar im Bienendarm aus, werden aber mit dem Kot ausgeschieden und sterben ab. Es kann hier von einer natürlichen Desinfektion gesprochen werden, die die Seuche für eine längere Zeit unterdrückt. Sie kommt erst zum Ausbruch, wenn der Putztrieb in den Völkern bei Trachtarmut oder Schwarmdusel erlahmt.

Wenn auch der Tierarzt die Anweisung für die Bekämpfung übernimmt, sollen an dieser Stelle die Grundzüge der Bekämpfung dargestellt werden. In der Regel verfügt der Kreistierarzt einen Sperrbezirk aus dem die Bienen nicht abgezogen und in den nicht eingewandert werden darf. Er wird erst wieder aufgelöst, wenn die Seuche erfolgreich bekämpft ist. Die Bekämpfung selbst erfolgt streng nach den Anweisungen des Tierarztes; durch eine Kunstschwarmbildung, einer intensiven Desinfektion der Bienenbeuten und der Vernichtung der Bienenbrut einschließlich des infektiösen Wabenmaterials. Die hoffnungsvollen Bekämpfungsversuche der sechziger Jahre des vorigen Jahrhunderts mit Sulfonamiden und den anderen Antibiotika haben sich leider nicht bestätigt [SEIFERT 1966], so dass wir wieder auf die sehr arbeitsaufwendige Kunstschwarmbildung plus der genannten Desinfektionen angewiesen sind.

6.1.2.2 Sackbrut

Die Sackbrut wird durch ein Virus hervorgerufen, das die Maden im Streckstadium befällt und diese nach dem Verdeckeln zum Absterben bringt. Die Zelldeckel werden rissig und sinken ein, so dass das äußerliche Bild dem der Faulbrut ähnlich ist. Werden die Zelldeckel geöffnet und die abgestorbene Made mittels Pinzette entfernt, hat diese die Form eines Sackes, da die Madenhaut sehr lange erhalten bleibt. Anfangs ist diese Haut mit einer jaucheähnlichen Masse gefüllt, die aber später eintrocknet.

Der Befall nimmt in der Regel nicht den Umfang der Faulbrut ein. Es genügt meist befallene Waben mit auslaufender Brut in den Honigraum zu hängen und nach dem Schlüpfen der Brut, die Waben einzuschmelzen. Nur bei sehr starkem Befall ist ein Kunstschwarm zu bilden, der auf Mittelwände in einer desinfizierten Beute eingestockt wird.

6.1.2.3 Kalkbrut

Die Kalkbrut wird durch den Pilz Pericytis apis hervorgerufen, dessen Sporen mit dem Futter in die Made oder auf die Außenhaut der Made gelangen. Dort keimen sie schnell aus und durchwachsen die Made vor dem Verdeckeln. In der Regel werden zuerst die Drohnenmaden befallen. Erst bei stärkerer Ausbreitung erfolgt der Befall der Arbeitermaden. Die Maden erscheinen nach dem Befall wie mit einer Kalkschicht überzogen und klappern in den Zellen, wenn man eine befallene Wabe schüttelt.

Die Bienen versuchen die befallenen Maden zu entfernen, so dass man häufig auf dem Flugbrett oder vor dem Stand Kalkmumien findet. Völker mit einem ausgeprägten Putztrieb sind durchaus in der Lage, sich selbst von der Kalkbrut zu reinigen. Völker, die dies nicht schaffen, werden zweckmäßigerweise umgeweiselt, wobei nur Weiseln zum Einsatz kommen dürfen, deren Muttervölker kalkbrutfrei sind.

Ende der sechziger/Anfang der siebziger Jahre trat aus unerklärlichen Gründen die Kalkbrut sehr stark in der Umgebung von Eberswalde auf. Wir überwanden damals die Kalkbrut allein durch das beschriebene Umweiseln der Völker.

6.1.2.4 Steinbrut

Die der Kalkbrut sehr ähnliche Steinbrut wird durch den Pilz Aspergillus florus hervorgerufen und kann im Anfangsstadium mit der Kalkbrut verwechselt werden. Erst später nehmen die abgestorbenen Maden eine gelbgrüne Färbung an und können mit Pollen verwechselt werden. Auch

sitzen die abgestorbenen Maden erheblich fester als Kalkbrutmumien in den Zellen und werden häufig mit Propolis überzogen.
Es ist die einzige Bienenkrankheit, die auch den Menschen befallen kann und bei ihm schwer zu bekämpfende Entzündungen der Schleimhäute (Hals, Nase, Augen) hervorruft. Deshalb sollte sich der Imker vor dem Einatmen der Sporen schützen, in dem er ein Tuch vor Mund und Nase bindet. Letzteres sollte nach Gebrauch verbrannt werden.
Im Anfangsstadium der Krankheit kann diese genau wie die Kalkbrut bekämpft werden, in dem eine Umweiselung vorgenommen wird. Im fortgeschrittenen Stadium hilft im Hinblick auf die Übertragungsmöglichkeit auf den Menschen nur die Vernichtung. Die Völker werden abgeschwefelt und das Wabenmaterial mit den toten Bienen zusammen verbrannt. Die Bienenbeuten werden mit Natronlauge gründlich desinfiziert, wobei der erwähnte Mundschutz angelegt werden muss.

6.2 Schädlinge

Neben den echten Krankheiten werden die Bienen durch eine Reihe von Schädlingen heimgesucht. Hierbei wird eine Unterscheidung in Wachsschädlinge, Innen- und Außenschädlinge getroffen.

6.2.1 Wachsschädlinge

Von der größeren Anzahl der Wachszerstörer sind für den Imker nur die Wachsmotten von Bedeutung.

6.2.1.1 Wachsmotten

Die Wachsmotten sind Schädlinge, die sowohl inner- als auch außerhalb des Bienenstockes vorkommen. In unseren Breiten kommen zwei Arten der Wachsmotten, die kleine und die große vor, die jedoch in ihrer Lebensweise so ähnlich sind, dass ihre Unterscheidung durch den Imker nicht erforderlich ist.

Die weiblichen Falter dringen in die Völker oder in die Wabenschränke ein und legen in unzugänglichen Ritzen und im Gemüll ihre Eier ab. Aus diesen Eiern schlüpfen die kleinen Rangmaden, die sich zuerst vom Gemüll ernähren. Danach dringen die Maden in die bebrüteten Waben, wo sie sich von den Nymphenhäuten der Zellen ernähren, so dass die Waben zusammenbrechen. Um sich vor den Bienen zu schützen, spinnen die Maden ihren Fraßgang mit einer Art Seide aus, so dass nach der vollständigen Zerstörung der Waben ein dichtes Gespinst übrig bleibt. Nach zwei- bis dreimonatiger Fraßzeit verpuppen sich die Maden, wobei sie in ihrer Unterlage oder am Wabenschenkel eine wannenförmige Vertiefung anlegen. Bei einem starken Befall bilden die Kokons zusammenhängende Klumpen.

In einem normalstarken Volk mit gesundem Putztrieb, haben die Wachsmotten keine Chance das Wabenwerk zu vernichten. Da unsere Magazinvölker gegenüber denen in den Hinterbehandlungsbeuten erheblich stärker sind, zählt es zu den großen Ausnahmen, dass die Wachsmotten ein Volk überwinden und zum Absterben bringen. Anders verhält es sich mit den Waben im Wabenschrank oder in den Wabentürmen. Hier kann der ganze Wabenvorrat im Herbst und Winter vernichtet werden. Aus diesem Grund ist der Imker gut beraten, seinen Wabenvorrat vor den Wachsmotten zu schützen.

Wir sind dazu übergegangen, nur unbebrütete Waben durch den Winter zu nehmen. Die junge Made muss ihren Eiweißbedarf durch den Verzehr von Nyphenhäuten decken. Diese fehlen jedoch in den unbebrüteten Waben, so dass sich die jungen Maden nicht entwickeln können. So haben wir auf eine einfache Art den Schutz vor Wachsmotten gelöst.

Sollen bebrütete Waben überwintert werden, ist es wichtig, diese nicht zu dicht aufzubewahren. In eine Zarge, die 10 Waben fasst, werden nur 8 Waben eingestellt. dies bewirkt, dass die Maden nicht zur Nachbarwabe überwechseln können, wodurch ihre Bewegungsfreiheit eingeengt wird. Trotzdem sind noch weitere Bekämpfungsmaßnahmen erforderlich. Ein altbewährtes Mittel ist das Abbrennen von Schwefel, der die

Falter und Maden, aber nicht die Eier, abtötet. Deshalb muss das Schwefeln in Abständen von 10 bis 20 Tagen wiederholt werden. Inzwischen bieten die Imkerfachgeschäfte weitere Mittel zur Wachsmottenbekämpfung an. Auf keinen Fall dürfen jedoch Mittel zur Kleidermottenbekämpfung zum Einsatz kommen, da diese Insektizide enthalten, die bei einem Wiedereinsatz der Waben die Bienen schädigen.

6.2.2 Innenschädlinge

Bei den Innenschädlingen handelt es sich um Tiere, die in das Bienenvolk eindringen und dort durch ihren Aufenthalt die Bienen in mehr oder minder starkem Maß schädigen. An dieser Stelle sollen nur kurz auf die Tracheenmilbe und die Varroamilbe eingegangen werden. Beim Auftreten anderer Innenschädlinge, z.B. Bienenlaus, wird auf die Spezialliteratur wie BORCHERT (1969) und SEIFERT (1969) verwiesen.

6.2.2.1 Tracheenmilbe (Acarapis woodi)

Zu Beginn des 20. Jahrhunderts gab es auf der Insel Wight und danach in ganz England verheerende Bienenverluste, deren Verursacher erst nicht erkannt wurde, weshalb die Bezeichnung Insel-Wight-Krankheit gewählt wurde. 1920 beschrieb RENNIE [SEIFERT 1969] die Tracheenmilbe, die dann als Verursacher der Insel-Wight-Krankheit erkannt wurde.

Die Milbe dringt in das erste Tracheenpaar der jungen Bienen ein, sticht diese an, um die Lymphe aufzusaugen. Hierdurch verschorfen die Tracheen, so dass die Flugmuskulatur nicht mehr ausreichend mit Sauerstoff versorgt werden kann und die Bienen flugunfähig werden. Sie fallen beim Verlassen des Stockes zu Boden und versuchen von dort aus erneut zu starten. Das misslingt ihnen, so dass nur ein charakteristisches „Spatzenhüpfen“ zustande kommt. Die Bienen verenden in unmittelbarer Stocknähe. Aus diesem Spatzenhüpfen kann der Imker mit einer gewissen Sicherheit den Befall durch Tracheenmilben erkennen.

Die Milben können nur Jungbienen befallen, da bei ihnen die Reusenhaare um die Tracheen noch weich sind und von den Milben überwunden werden können. Bei den älteren Bienen sind die Reusenhaare starr und verhindern das Eindringen der Milben. Letztere vermehren sich in den Tracheen und verlassen diese, um andere Bienen zu befallen. Hierbei geht eine nicht geringe Anzahl an Milben zugrunde, da sie nicht lange ohne Nahrungsaufnahme außerhalb der Trachee überleben können. Dies erklärt, dass der Verlauf der Infektion mehrere Jahre betragen kann, ehe ihn der Imker bemerkt. Der Befall im Winter glückt besser, da die Bienen eng in der Traube zusammensitzen.

Die Verbreitung der Milben von Volk zu Volk erfolgt meist durch das Verfliegen befallener Bienen und Drohnen. Doch auch imkerliche Maßnahmen, bei denen junge befallene Bienen zur Verstärkung schwächerer Völker eingesetzt werden, kann zur Verbreitung der Milben beitragen.

Als zu Beginn des 20. Jahrhunderts die massenhaften Völkerzusammenbrüche vorwiegend in England auftraten, stand man dem Geschehen relativ hilflos gegenüber. In Deutschland wurde die Milbenseuche zur anzeigepflichtigen Bienenseuche erklärt. Danach wurden mit einem einigermaßen Erfolg Medikamente wie die selbstverdampfenden Senföle und Räuchermittel wie Folbex oder Delacan eingesetzt. Da diese Mittel die Eier der Milben nicht vernichteten, mussten die Bekämpfungen mehrmals wiederholt werden.

In England ging BRUDER ADAM einen anderen Weg, in dem er versuchte, eine milbenresistente Biene zu züchten, was ihm mit der Kunstrasse „Buckfast“ gelang. Doch auch im Osten Deutschlands, der besonders stark befallen war, zeigten sich bei den Bienen Resistenzerscheinungen, die sich weiter verstärkten. So konnte später die Anzeigepflicht für den Befall durch die Tracheenmilbe aufgehoben werden.

6.2.2.2 Varroamilbe (Varroa jacobsoni)

Die Varroamilbe parasitierte ursprünglich in Südostasien auf der Bienenart Apis cerana. Sie befällt die Biene selbst und sticht sie zum Zweck der Gewinnung von Lymphe an und sucht zum Zweck der Vermehrung die Drohnenmaden kurz vor der Verdeckelung auf. Dort legt sie unter dem sicheren Deckel ihre Eier ab. Diese entwickeln sich an der Drohnenmade und verlassen mit der fertigen Drohne als begattetes Weibchen die Drohnenzelle. Die männlichen Varroamilben sterben unmittelbar nach der Begattung der Weibchen ab, so dass auf den Bienen keine männlichen Milben zu finden sind. Da bei der Apis cerana nur während einer relativ kurzen Periode Drohnen erzeugt werden und die Arbeitsbienen Jagd auf die Varroamilben machen, hat sich ein Gleichgewicht zwischen Varroamilben und Bienen herausgebildet.

Bedingt durch die menschliche Wirtschaft trafen im vorigen Jahrhundert die Bienenarten Apis cerana und Apis melifica zusammen und die Varroamilben wechselten auf unsere Biene (Apis melifica) über. Leider stellte sich zwischen unserer Biene und der Varroamilbe kein so ideales Gleichgewicht wie zwischen der Apis cerana und der Varroamilbe ein. Zum Einen machen unsere Bienen nicht so intensiv Jagd auf die im Volk befindlichen Varrroamilben wie die Apis cerana. Zum Anderen kann die Varroamilbe bei der Apis melifica nicht so genau zwischen Drohnen- und Arbeitermaden unterscheiden und befällt auch die Arbeiterbrut. Wenn auch in der Arbeiterbrut, bedingt durch ihren kürzeren Entwicklungszyklus weniger Varroamilben schlüpfen als aus der Drohnenbrut, nimmt der Milbenbestand im Volk ständig zu. Auch bei einem ganz geringen Erstbefall von 1 – 10 Milben im Volk, erreicht im dritten Befallsjahr die Anzahl der Milben eine Höhe von über 10.000 Stück, was für das Bienenvolk gewissermaßen die deathline ist. Ohne Einschränkung kann gesagt werden, dass zurzeit ein mit Varroamilben befallenes Bienenvolk ohne Hilfe des Imkers dem Tod verfallen ist. Bedingt durch die hohe Varroamilbenproduktion in den Völkern der Apis melifica verbreitete sich die Varroamilbe von Südostasien über Asien, Europa und nach

Nordamerika innerhalb eines halben Jahrhunderts. Bei der Verbreitung der Varroamilbe spielen die Drohnen eine entscheidende Rolle, die die Milben als Transportmittel benutzen. Untersuchungen während der achtziger Jahre des vorigen Jahrhunderts ergaben, dass rund 60 % der Flugdrohnen mit Varroamilben besetzt werden [BERGMANN 1985].

Weiter kann ohne Einschränkung festgestellt werden, dass es gegenwärtig in Deutschland und Mitteleuropa kein Bienenvolk mehr gibt, das nicht von der Varroamilbe befallen ist. Es kann daher darauf verzichtet werden, Verfahren zu beschreiben, die den qualitativen Nachweis erbringen, dass Varroamilben in einem Bienevolk vorhanden sind. Viel wichtiger ist es für den Imker, die Befallsstärke in einem Volk zu kennen und darauf die Bekämpfungsmaßnahmen abzustimmen. Hierzu eignet sich der natürliche Totenfall der Varroamilben mit einer ausreichenden Genauigkeit. Zu diesem Zweck wird eine Windel mit einem Drahtgitter, das verhindert, dass die Bienen in den Müll und die toten Milben entfernen, eingelegt. Derartige Windeln hält der Fachhandel vorrätig und können dort bezogen werden. Nach einer bestimmten Anzahl von Tagen (3 bis 5 Tage) wird die Windel gezogen und die darauf liegenden toten Milben ausgezählt. Die Anzahl der gezählten toten Varroamilben wird durch die Zahl der Tage geteilt, die die Windel im Volk lag. Auf diese Weise erhält man den durchschnittlichen Totenfall pro Tag $= \frac{\sum Milben}{\sum derTage}$. Aus diesem Wert kann durch Multiplikation mit dem Vermehrungsfaktor F der Varroamilbe im Spätsommer der Milbenanteil im Bienenvolk abgeschätzt werden. Nach eingehenden Untersuchungen von LIEBIG (1990) schwankt der Vermehrungsfaktor im Spätsommer zwischen 100 und 150.

Bei einem Totenfall von 40 Milben in 5 Tagen sind mit 800 bis 1.200 Milben im Volk zu rechen $= \frac{40}{5} * 100$ oder 150 = 800 oder 1.200 Milben/Volk.

Da die Vermehrung der Varroamilben mathematisch gesehen den Verlauf einer e-Funktion folgt, besagt dies, dass der relativ flache Anstieg bei einem geringen Befall sehr schnell in einen sehr steilen Verlauf übergeht. Das Bienenvolk kommt bereits in eine kritische Situation, wenn zu Beginn der Winterruhe 100 Milben im Volk sind, was sich durch einen natürlichen Totenfall/Tag von nur einer Milbe ausdrückt. Der Imker muss daher alles daran setzen, den normalen Totenfall pro Tag unter 1 Milbe/Tag zu senken, wenn das Volk in die nächste Vegetationsperiode ohne Schaden überstehen soll.

An dieser Stelle erhebt sich die Frage, wie der Imker das gesetzte Ziel erreichen kann? Rein theoretisch bestehen hierzu keine Möglichkeiten durch:

1. die Steigerung der inneren Abwehrkräfte im Volk, ähnlich wie bei der Apis cerana,
2. die Anwendung bestimmter betriebstechnischer Maßnahmen,
3. der Medikamenteneinsatz im weitesten Sinn.

Zu der Steigerung der inneren Abwehrkräfte ist zu bemerken, dass dies von allen anderen Möglichkeiten die beste wäre. Es besteht durchaus die Hoffnung, dass dies in Zukunft gelingt; zumal sich eine Reihe von wissenschaftlichen Institutionen mit diesem Problem befassen. Wir verweisen hier auf die Erfolge bei der Bekämpfung der Tracheenmilbe. Doch zurzeit steht dem Imker noch keine Biene zur Verfügung, die sich ohne Hilfe des Menschen gegen die Varroamilbe behaupten kann.

Die Anwendung von betriebstechnischen Maßnahmen wie der wiederholte Ausschnitt des Baurahmens mit Drohnenbrut oder die Anwendung des Bannwabenverfahrens können die Vermehrung der Varroamilbe während der Trachtperiode stark bremsen. Der wiederholte Ausschnitt der Drohnenbrut kurz nach dem Verdeckeln derselben bewirkt, dass die Vermehrung der Varroamilbe in dem betroffenen Volk stark gedämpft verläuft. Es ist jedoch ein Trugschluss, wenn geglaubt wird, dass diese Maßnahme allein die Entwicklung der Milben unterbinden kann, da genügend Milben in der Arbeiterbrut nachwachsen. Ein zusätzlicher Medikamenteneinsatz nach Trachtende ist unverzichtbar. Weiter ist bei diesem Verfahren zu bedenken, dass wir gerade die Milben vernichten, die die Drohnenbrut eindeutig erkennen, während Milben, die die Arbeiterbrut befallen, erhalten bleiben. Diese Selektion kann bewirken, dass die Milben in Zukunft fast ausschließlich nur noch die Arbeiterbrut befallen.

Das Bannwabenverfahren ist durchaus in der Lage, den Milbenbefall während der Trachtzeit auf ein Minimum zu reduzieren. Es ist jedoch so arbeitsaufwendig, dass es nur in sehr kleinen Imkereien konsequent durchgeführt werden kann. Zu diesem Zweck wird die Weisel auf eine Leerwabe ca. 4 bis 6 Wochen gegen Ende der Tracht mit Hilfe einer speziellen durch Absperrgitter gesicherten Wabentasche abgesperrt. Diese Leerwabe wird 3 bis 4 mal gewechselt und vernichtet, wenn die Maden verdeckelt sind. Die im Volk schlüpfenden Milben sind nun gezwungen, zur Vermehrung in die „Bannwabe" einzudringen und werden auf diese Weise aus dem Volk entfernt.

Auch wenn wir prinzipiell gegen den Einsatz von Medikamenten in der Imkerei sind, kommen wir gegenwärtig noch nicht ohne sie bei der Varroamilbenbekämpfung aus. Alle echten Medikamente und Substanzen, die als Medikamente eingesetzt werden, dürfen nur zum Einsatz kommen, wenn die Honigraumzargen abgeräumt sind. Auf keinen Fall dürfen Medikamente in den Honig gelangen. Weiter ist zu beachten, dass einige Wirkstoffe, wie die künstliche Pyrotroiden und das Coumaphos (Präparat Perizin) vom Wachs aufgenommen werden und über diesen Weg in den Honig gelangen können. Die vielfach eingesetzten organischen Säuren, wie Oxalsäure, Ameisensäure und Milchsäure tun dies nicht. Sie sind aber in der Anwendung komplizierter. Grundsätzlich gilt für alle Medikamente, dass sie unmittelbar nach der letzten Schleuderung zum Einsatz kommen müssen, um den Milbenpegel zu senken, damit genügend gesunde Winterbienen erzeugt werden können.

Es würde den Rahmen des Werkes sprengen, wenn an dieser Stelle die Handhabung der vorhandenen Medikamente beschrieben würde. Trotzdem wollen wir unser Vorgehen kurz darstellen.

Monat Juli: einlegen der Windeln und Ermittlung des Milbenbesatzes pro Volk

Ende Juli bis Ende September: Einsatz von Ameisensäure in Stoß- und Langzeitbehandlungen nach LIEBIG (1990) je nach Befallsstärke

Anfang Oktober: Erneute Kontrolle des Milbenbesatzes pro Volk. Der natürliche Totenfall der Milben muss unter 1 Milbe/Tag liegen. Ist er höher muss weiter behandelt werden. Da es jetzt für den Einsatz von Ameisensäure zu kalt ist, setzen wir Perizin ein.

Ende November bis Ende Dezember: So um den 20. November setzt in der Regel bei uns eine vierzehntägige bis vierwöchentliche Frostperiode ein, in der unsere Völker das Brutgeschäft einstellen. Die Milben sitzen jetzt auf den Bienen und können mit Medikamenten gut erfasst werden. Sofort nach der Beendigung der Frostperiode erfolgt eine weitere Behandlung mit Oxalsäure, so dass nur sehr wenige Milben überleben.

Frühjahr bis Ende Juli: Zu diesem Zeitpunkt, wo keine Medikamente eingesetzt werden dürfen, versuchen wir, die Milbenvermehrung durch den regelmäßigen Ausschnitt des Drohnenrahmens zu drosseln.

Aus der Darstellung ist ersichtlich, dass uns die Varroamilbe eigentlich das ganze Jahr beschäftigt, da wir sie auf einen niedrigen Level halten wollen. Weiter stellt der Leser fest, dass wir mit 3 verschiedenen Medikamenten arbeiten (Ameisensäure, Perizin, Oxalsäure). Dieser Medikamentenwechsel ist einmal witterungsbedingt, aber auch von uns gewollt, um eine Resistenz der Milben gegen ein Medikament zu verhindern.

6.2.3 Außenschädlinge

Unter Außenschädlingen werden Tiere verstanden, die von außen in den Bienenstock eindringen, um Honig und Wachs zu erlangen oder vor dem Flugloch Bienen abfangen.

6.2.3.1 Vögel

Einige Vogelarten, besonders die Meisen, können sich darauf spezialisieren, Bienen vor dem Flugloch abzufangen. Besonders unangenehm ist dies, wenn die Meisen im Winter an das Flugloch klopfen und dann die erscheinenden Wächterbienen abfangen. KUNTZSCH soll aus diesem Grund zur Überwinterung der Völker im Honigraum übergegangen sein. Die Böden des kompatiblen Systems von KIEß (1998) sind jedoch so gestaltet, dass eine Belästigung durch Vögel am Flugloch nicht möglich ist.

Des öfteren wird auch berichtet, dass Spechte Löcher in Bienenkästen geschlagen haben, um im Winter an die Bienen zu gelangen. Uns ist allerdings in den letzten 40 Jahren kein diesbezüglicher authentischer Fall bekannt geworden, weshalb wir diese Möglichkeit als eine Ausnahme betrachten.

6.2.3.2 Mäuse

Eine Anzahl unserer heimischen Mäusearten versucht im Winter in die Bienenvölker einzudringen, um die am Boden liegenden toten Bienen und nicht belagertes Wachsmaterial zu fressen. Hierbei sind sie sehr findig, um an die Fluglöcher zu gelangen. Da unsere Bienenvölker am Waldrand stehen, sind wir immer den Versuchen der Mäuse ausgesetzt, in diese einzudringen. Seit die Magazine auf erhöhte Metallständer stehen, die ihnen den bequemen Weg zum Flugloch verbauen, sind wir vor Mäusen sicher. Imker, die ähnlich unter Mäusen leiden, empfehlen wird, die Fluglöcher zu sichern.

6.2.3.3 Hornissen

In älteren Lehrbüchern wird oft von Angriffen der Hornissen auf Bienenstöcke berichtet [ALBERTI 1918, OTTO 1953]. Da uns keine solchen Angriffe bekannt sind, halten wir diese Darstellungen für unsere Verhältnisse übertrieben. Sollten sich im Juli und August die Hornissen ein paar Flugbienen greifen, so gönnen wir ihnen den Raub, denn es handelt sich hier um Flugbienen, deren Leben sicher in wenigen Wochen zu Ende ist.

6.2.3.4 Wespen

Im Gegensatz zu den Hornissen können Wespen in sogenannten Wespenjahren durch ihr massenhaftes Auftreten sehr lästig werden. Von starken Völkern werden sie mit Erfolg abgewehrt, doch kann es ihnen gelingen in schwächere Ableger einzudringen. Dem ist vorzubeugen, in dem die Fluglöcher bis auf 1 cm im Juli und August verengt werden. Dann sind auch schwache Ableger in der Lage, ihr Flugloch mit Erfolg zu verteidigen.

6.2.3.5 Ameisen

Bei den Ameisen ist zu beachten, dass die große Waldameise unter Naturschutz steht. Sie ist durchaus in der Lage, ein Bienenvolk zu überwältigen und auszurauben. Der Imker darf auch in diesem Fall nicht das Nest der großen Waldameise zerstören. Im Grunde ist er der Übeltäter, der bei der Standortswahl seines Bienenstandes fahrlässig handelte. Wanderstände sollten immer ca. 50 m von einer Ameisenkolonie entfernt aufgeschlagen werden.. Über diese Distanz wird die große Waldameise die Bienenvölker nicht attackieren.

Da auch die kleinen Erdameisen, im Volksmund „Pissmieren" genannt, werden von dem süßen Honig angelockt und versuchen in den Bienenstock einzudringen. Passiert dies auf einem Wanderplatz, empfiehlt es sich, die Beine der Ständer mit Raupenleim zu behandeln. Finden sich dagegen die Erdameisen auf dem Heimatstand ein, so müssen sie an Ort und Stelle bekämpft werden. Das sicherste Mittel ist, wenn im Frühjahr das Nest gesucht und ausgegraben wird. Ist dies nicht möglich, sollte im zeitigen Frühjahr eine Bekämpfung mit Ameisenfresslack erfolgen. Dabei ist zu beachten, dass die Köder so ausgelegt werden, dass sie von den Bienen nicht aufgenommen werden können.

6.3 Vergiftungen

Vergiftungen von Bienenvölkern können grob gesehen, verschiedene Ursachen haben. Zum Einen können die Bienen selbst giftigen Pollen von einigen Hahnenfussgewächsen aufnehmen, so dass es zu Vergiftungserscheinungen kommen kann. Doch ist diese Form der Vergiftung so selten, dass auf ein genaueres Eingehen verzichtet werden kann.
Zum Anderen kann es zu Vergiftungen durch Industrieabgase kommen. Das waren in der Vergangenheit Arsentrioxyd und fluorhaltige Abgase. Letztere waren in der ehemaligen DDR im Raum von Rüdersdorf bei Berlin und im Erzgebirge, Raum Freiberg, so stark, dass dort die Imker eine einmalige Entschädigung erhielten und ihnen empfohlen wurde, ihre Bienenstände aus diese Gebieten zu verlegen. Inzwischen sind die noch bestehenden Werke mit Rauchfiltern ausgestattet, so dass in diesen Gebieten die Bienenzucht wieder möglich ist.
Der überwiegende Teil der Vergiftungen wird durch Pflanzenschutzmittel hervorgerufen. Da ein großer Teil der pflanzlichen Schädlinge Insekten sind, ist unsere Biene als Insekt durch diese Mittel gefährdet. Aus diesem Grund hat die Biologische Bundesanstalt bei der Zulassung dieser Mittel, strenge Auflagen zum Schutz der Bienen erlassen. Trotzdem kommt es immer wieder durch Anwendungsfehler zu Bienenschäden. Es würde an dieser Stelle zu weit führen, alle Möglichkeiten genauer zu beschreiben. Deshalb soll nur dargestellt werden, wie der Imker solche Vergiftung erkennen kann.
Die Bienen kommen in der Regel auf Feldern oder in Obstbäumen mit Pflanzenschutzmittel in Kontakt. Diese Mittel sind zum überwiegenden

Teil sogenannte Kontaktmittel, die eine Zeit benötigen, um in den behaarten Bienenkörper einzudringen. So schafft es ein großer Teil der kontaminierten Bienen zum Stock zurückzufliegen, um dort zu verenden. Die toten und sterbenden Bienen werden aus dem Stock geworfen und liegen in größeren Mengen auf den Flugbrettern oder vor dem Stand. Der Imker sollte in diesem Fall den Vorsitzenden des Imkervereins oder den zuständigen Seuchensachverständigen benachrichtigen, die dann die erforderlichen Schritte einleiten.

Literaturverzeichnis

ALBERTI, O. (1918): Bienenzucht im Breitwaben-Blätterstock
Selbstverlag 1918

ARMBRUSTER, L. (1952): Bienenzucht – ob und wie
Lindau 1952, 2. Auflage

BERGMANN, J.-H. (1983): Brutnestentwicklung im Frühjahr in Abhängigkeit von den täglichen Temperaturmaxima
Garten und Kleintierzucht 1983, S. 8 – 9

BERGMANN, J.-H. (1985): Überwachung – Bekämpfungsmöglichkeiten der Varroamilbe
F/E-Leistung des Instituts für Forstwissenschaften Eberswalde, Abt. Forstchemie; Eberswalde 1985

BORCHERT, A. (1966): Die Krankheiten und Schädlinge der Honigbiene
S. Hirzel Verlag Leipzig

BRETSCHKO, J. (1974): Der Magazinimker; Leitfaden einer zeitgemäßen Imkerei
Leopold Stocker Verlag Graz und Stuttgart, 2. Auflage

BRETSCHKO, J. (1978): Der Magazin-Imker
Leopold Stocker Verlag Graz und Stuttgart 1978

BRETSCHKO, J. (1985): Naturgemäße Bienenzucht
Leopold Stocker Verlag Graz und Stuttgart 6. Auflage

BRUDER ADAM (1969): Meine Betriebsweise
Walmar Verlag, Walfried Mayer ZELL WEIERBACH

BUTLER, C.G. und CALLOW, R.K. (1968): Pheromones of the honeybee (Apis mellifera L.) The inhibifory scent of the queen
Proc. r. entomol. Soc. London ser 43 (4-6); S. 62 – 65

FARRAR, C.L. (1931): Masure Some Factors Affecting the Development of the Honeybee Colony
Dissertation 1931

FARRAR, C.L. (1968): Productive Management of Honeybee-Colonies
American Bee-Journal Vol. 108, No S. 3 – 10

GARRIDO, C.; BÜCHLER, R.; BIENEFELD, K.; EHRHARDT, K. und ROSENKRANZ, P. (2005): Vitale Völker auf dem Prüfstand
Deutsches Bienen-Journal 2005, S. 294 – 295

GRAZE, KG, Chr. (1977): Skandinavies: Eine neue Honiglösmaschine
Alpenländische Bienenzeitung 65 (1977), S. 11

HALL, J.B. (1890): ABC and XYZ of Bee Culture

HÖLZER, J. (1991): Die Brutdistanzierung
Delta Verlag St. Augustin 3
1. Auflage 1991

HÜSING, J.O. und NITSCHMANN, J. (1987): Lexikon der Bienenkunde
Edition Leipzig Liz.Nr. 600/52/87

KIEß, K. (1998): Bauanleitung für das Zander-Magazin – kompatibles System –
Eigenverlag Karl Kieß, Sanitätsweg 23, D-88161 Lindenberg

LIEBIG, G, (1990): Varroa-Leitfaden
Verleger: Landesverband Württembergischer Imker e.V., 2. Auflage 1990

LORENZ, H. (1979): Das Langstroth-Magazin – führend und erfolgreich in der Weltimkerei
Eine Anleitung zum Selbstbau
Selbstverlag des Autors

LORENZ, H. (1981): Die Magazinbetriebsweise der Weltimkerei
Selbstverlag des Autors

OESER, G.A. (1962): Der Bien und Du
Deutscher Landwirtschaftsverlag

OTTO, FR. TH v. (1953): Die Grundschule des Imkers
Verlag der Leipziger Bienenzeitung; 8. ergänzte Auflage

PAIN, J, (1973): Sur la phė rome des reines d' abeillies et ses effects physiologiques
Ann. Abeille 4/1973

PFEFFERLE, K. (1990) : Imkern mit dem Magazin und der Varroatose
Selbstverlag, 8. Auflage

ROOT, A.J. (1975): The ABC and XYZ of Beeculture
1975 Published by the A.J. Root Company, Medina, Ohio, USA

SCHUNDAU, W. (1993): So imkern wir in der Segeberger Kunststoff-Magazinbeute
Landesverband Schleswig-Holsteiner und Hamburger Imker e.V.

SEIFERT, L. (1966): Krankheiten und Schädlinge der Honigbiene; in Imkerliche Fachkunde
VEB Deutscher Landwirtschaftsverlag Berlin, 1. Auflage 1966

ZANDER/BÖTTCHER (1982): Haltung und Zucht der Biene
Verlag Eugen Ulmer Stuttgart 1982, 11. Auflage